Referent: Professor Dr. Bünger
Referent: Professor Dr. Wolf u. Dix
Tag der mündlichen Prüfung: Kiel, den 23. Juli 1932
Zum Druck genehmigt: Kiel, den 23. Juli 1932

          von Buddenbrock, Dekan

ISBN 978-3-662-31468-5   ISBN 978-3-662-31675-7 (eBook)
DOI 10.1007/978-3-662-31675-7

Stoffeinteilung.

                                                                                 Seite

I. Einteilung 1

    Praktische Versuche zum Problem der Aufrahmung.

        1. Versuchsanordnung 2
        2. Einfluß der Temperatur 3
        3. Säuerung der Milch 8
        4. Einfluß der molkereitechnischen Behandlung 9
        5. Aufrahmung der homogenisierten Milch 15
        6. Zusammenfassung 19

II. Versuche mit schlecht aufrahmenden Milchen 21

III. Aufrahmung und Grenzflächenverfestigung 33

IV. Anreicherung von kapillaraktiven natürlichen Milchbestandteilen in Milch zur Verbesserung der Aufrahmung 37

    Schlußzusammenfassung 40

    Literaturangabe 42

I.
Praktische Versuche zum Problem der Aufrahmung.

Bei dem Verkauf von Trinkmilch, besonders Flaschenmilch, spielt die Aufrahmung der Milch in den meisten Bezirken Deutschlands und vieler anderer Staaten eine besondere Rolle. Zum Teil pflegt der Konsument die Güte und den Fettgehalt der Milch direkt nach der Höhe der Rahmschicht zu beurteilen.

In Wirklichkeit bietet die Höhe der Rahmschicht keineswegs eine Beurteilungsmöglichkeit für den Fettgehalt der Milch oder die sonstige Qualität. Eine gute Aufrahmung der Vollmilch bietet nur Gewähr dafür, daß *eine* der Rohmilcheigenschaften, nämlich das Aufrahmungsvermögen in kurzer Zeit, erhalten ist. Normale rohe Vollmilch bildet beim Stehenlassen nach kurzer Zeit eine Rahmschicht. Durch Kochen oder Hocherhitzen der Milch auf Temperaturen über 85° wird die Milch in ihrer Aufrahmfähigkeit stark geschädigt. Bei der sog. Dauererhitzung der Milch, d. h. einer Erhitzung während $1/2$ Stunde bei 63°, bleibt das Aufrahmungsvermögen zum großen Teil erhalten.

In praktischen Molkereibetrieben hat man ferner die Beobachtung gemacht, daß, abgesehen von der Erhitzung, noch andere Behandlungsmöglichkeiten der Milch die Aufrahmung beeinflussen können. So kann es unter Umständen vorkommen, daß nach irgendwelchen Umbauten oder Umstellen von Maschinen die Aufrahmung der Milch verschwunden oder geschädigt ist bzw. stark verzögert eintritt. Die schnelle Aufrahmung der Milch ist aber gerade die Hauptforderung der Praxis an eine gute Milch.

Über die Bildung der Rahmschicht sind schon viele Arbeiten erschienen. Manche Autoren, z. B. *Gutzeit*[1] und *Schneck*[2], schreiben dem Fett und auch immer noch der Fettkügelchengröße eine große Rolle zu. *Rahn* hat aus dem Unterschied des spezifischen Gewichtes des Fettes d, dem spezifischen Gewicht der Magermilch D, der Viscosität des Plasmas Z sowie dem Radius der Fettkügelchen R, den er durch mikroskopische Messung der Fettkügelchen gefunden hatte, die Auftriebsgeschwindigkeit der einzelnen Fettkügelchen nach der Stokesschen Formel:

$$v = \frac{2 \cdot 981 \ (D-d) \, R^2}{9 \, Z}$$

errechnet und die Auftriebsgeschwindigkeit der einzelnen Fettkügelchen gleichzeitig im Mikroskop kontrolliert. Sie soll mit der nach der Stokesschen Formel errechneten gut übereinstimmen. Nun zeigt rohe Vollmilch jedoch in Wirklichkeit eine bedeutend schnellere Aufrahmung, als die Berechnung der Auftriebsgeschwindigkeit der einzelnen Fettkügelchen ergibt. Dies rührt einerseits daher, daß man für den Radius Mittelwerte für die verschiedenen Werte der Fettkügelchenradien einsetzt und dabei für alle Fettkügelchen streng Kugelform annimmt, eine mögliche Wirkung zwischen Fett und Plasma aber außer acht läßt. Andererseits muß man bedenken, daß eine Zusammenballung von Fettkügelchen schneller aufsteigt, als wenn jedes einzelne Kügelchen seinen Weg nehmen muß. *Troy* und *Sharp*[3] haben die Geschwindigkeit des Aufstieges von Haufen verschiedenster Größe gemessen und gleichzeitig deren Auftriebsgeschwindigkeit nach der Stokesschen Formel berechnet. Beobachtete und berechnete Werte sollen übereinstimmen. Gekochte Milch hat ihre Aufrahmfähigkeit verloren. Durch Erhitzen verlieren also die Fettkügelchen die Fähigkeit zusammenzukleben. *Rahn* gelang es durch Zusatz von Stoffen, wie Gelatine usw., das Aufrahmungsvermögen von gekochter Milch wiederherzustellen und gleichzeitig damit zu beweisen, daß die Viscosität der Milch nicht entscheidend für die Aufrahmungskraft ist.

Über die chemische und physikalisch-chemische Natur der Adsorptionshüllen um die Fettkügelchen, die das Zusammenballen der einzelnen Fettkügelchen zu Häufchen ermöglichen soll, ist viel diskutiert worden. *van Dam* und *Sirks*[4] begnügen sich damit, eine Eiweißadsorption um die Fettkügelchen anzunehmen. *Heckma*[5], *Brouwer*[6] und *Rahn*[3] neigen dazu, einen besonderen Schaumstoff anzunehmen, der die Adsorptionshülle um das Fett bildet. Sie wollen solche Schaumhäutchen mikroskopisch beobachtet haben. Von verschiedenen Seiten wurde weiterhin das Vorhandensein von Fibrin oder Fibrin ähnlichen Stoffen angenommen. *Heckma*[7] konnte jedoch den Irrtum dieser Auffassung nachweisen. *Storch* will einen besonderen Eiweißkörper, den er nach seinen sonstigen Eigenschaften den Mucinen zurechnet und welcher der Hüllenstoff um das Fett sein soll, isoliert haben, während *Hattori* noch einen anderen, sonst nicht in der Milch bekannten Eiweißstoff, den er Haptein nennt und der sehr viel Cystin, aber kein Tryptophan enthalten soll, gefunden hat. *Orla Jensen*[8] glaubt, daß für das Zusammenkleben der Fettkügelchen in roher Milch ein „Aglutin" erforderlich sei, das vermutlich der Globolinfraktion angehöre. Über die Vorstellungen der Natur des „Hüllenstoffes" um das Fett (im Sinne der bisherigen Untersucher) herrscht also noch keine Klarheit. Man ist sich nur klar darüber, daß die Vorbedingung zur schnellen Aufrahmung im Zusammenkleben der Fettkügelchen zu suchen ist. Andere Fragen, wie die Beeinflussung der Verbesserung bzw. Verschlechterung oder Verzögerung der Rahmbildung durch arbeitstechnische Behandlung der Milch in der Meierei sind zum Teil noch offen, so daß auch heute noch praktisches und theoretisches Interesse für die Klärung der Aufrahmungsvorgänge vorhanden ist. Zu dieser Klärung sollen die nachstehenden Versuche und Ausführungen beitragen.

Praktische Versuche zum Problem der Aufrahmung.

1. Versuchsanordnung.

Um den Einfluß dieser Faktoren festzustellen, wurden Aufrahmversuche mit 250 ccm Meßzylinder von 23 cm Höhe und 3,7 cm Durchmesser mit einem unten angeschmolzenen Ablaufhahn ausgeführt. Hierdurch war es möglich, von Zeit zu Zeit die Höhe der Rahmschicht abzulesen und nach der Aufrahmung die

Milch schichtweise abzunehmen und den Fettgehalt derselben zu bestimmen. Für die praktische Auswirkung ist aber die Aufrahmungs*geschwindigkeit* und nicht die absolute Aufrahmung von Bedeutung. Wir haben die Höhe der Rahmschicht in allen Versuchen bereits nach 2 und 4 Stunden abgelesen und später die vollendete Aufrahmung nach 18—24 Stunden. Die Zahlenwerte sind aber nur soweit in die Tabellen aufgenommen worden, wie es für die Erklärung des betreffenden Versuchs erforderlich war. Die Feststellung der Höhe der Rahmschicht genügt aber nicht immer für den Vergleich der Aufrahmungskraft verschiedener Proben, denn der Fettgehalt der Rahmschicht schwankt erheblich. Würde man nun lediglich neben der Höhe der Rahmschicht deren Fettgehalt feststellen, so sind diese als Vergleichsresultate auch noch schlecht zu verwerten. Wir haben daher unter Berücksichtigung des Fettgehaltes der Rahmschicht berechnet, wieviel vom Gesamtfett der Milch in der Rahmschicht enthalten ist[9]. Dies letztere in Prozenten der Gesamtmilch ausgedrückt, bezeichnen wir als „Aufrahmungsgrad". Er hat neben der Berücksichtigung des Fettgehaltes der Rahmschicht den Vorteil, daß er auch den Fettgehalt der Milch berücksichtigt. Man kann somit unter Umständen sogar die Ergebnisse von Versuchen mit verschiedenen Milchen direkt miteinander vergleichen. Es darf aber nicht übersehen werden, daß Milch mit einem höheren Fettgehalt meist einen niedrigeren Aufrahmungsgrad hat, wie *van Dam* und *Sirks* zeigten. Trotzdem haben wir bei jedem Versuch den Aufrahmungsgrad bestimmt; läuft er nicht parallel mit der Höhe der Rahmschicht, so ist er in den Tabellen angegeben. In jeder angegebenen Versuchsreihe ist eine ganze Anzahl von Versuchen (mindestens 3) durchgeführt, von denen immer nur eine Versuchsreihe, deren Verlauf aber für die ganzen Versuche charakteristisch ist, in Tabellenform wiedergegeben ist.

Zur Prüfung der Fehlergrenze haben wir bei den ersten Versuchen von den einzelnen Proben mehrere Aufrahmzylinder aufgestellt. Die Unterschiede der einzelnen Zylinder ein und derselben Probe waren sehr gering und betrugen nur ausnahmsweise mehr als 2 ccm.

2. Einfluß der Temperatur auf die Aufrahmung.

Die Fettkügelchen sind in roher Milch einmal im flüssigen, das andere Mal im festen* Zustand, je nachdem die Milch noch in kuhwarmem Zustande oder schon längere Zeit auf mindestens 10° gekühlt ist. Dementsprechend kann die Aufrahmung verschieden sein[10]. *Orla Jensen*[8] bezeichnet die schlechte Aufrahmfähigkeit von länger gekühlter Milch als „Kälteschwere" und erklärt sie durch eine Krystallisation der Fettkügelchen, die durch eine plötzliche Bewegung, sei es auf langem Transport oder durch kaltes Pumpen, noch gesteigert werden kann.

Das Alter und die Aufbewahrungstemperatur sind von großem Einfluß auf die Aufrahmung. Vor allem ist die bei niedrigen Temperaturen gelagerte Milch in ihrer Aufrahmungskraft geschädigt. Es ist von *Jensen*[8] vorgeschlagen worden, diese Schädigung durch ein Erhitzen auf 50° während 5 Minuten zu beheben. Von uns wurden diese Versuche wiederholt, um festzustellen, ob es möglich ist, die durch das Altern einer Milch geschädigte Aufrahmungskraft durch ein Erhitzen von 5 Minuten auf 50° wiederherzustellen. Eine Vollmilch mit einem Fettgehalt von 3,2% wurde sofort nach dem Melken zur Hälfte im Kühlraum bei 3° (A) und die andere Hälfte bei einer Zimmertemperatur (B) von 17° zur Alterung aufbewahrt. Hiervon nahmen wir in gewissen Zeitabständen Proben (nach 1, 5 und

---

* Von „fest" im rein physikalischen Sinne kann man hierbei nicht reden, da wahrscheinlich ein Teil des Fettes noch im flüssigen Zustand ist.

22 Stunden). Wir bestimmten den p_H und Säuregrad und teilten jede Probe in 2 Teile. Die eine wurde 5 Minuten auf 50° erhitzt, dann wurden beide Proben nach kurzem Umrühren auf 3° gekühlt und im Kühlraum zur Aufrahmung gebracht.

Tabelle 1. *Einfluß des Alters der Milch auf die Aufrahmung.*

Nr.			p_H	S. H.	Aufrahmung in ccm nach 2 Std.	4 Std.
	Aufrahmung im Kühlraum.					
	A. Sofort gekühlt (3°), im Kühlraum aufbewahrt.					
1	Nur gekühlt	Sofort nach dem Melken	6,57	6,2	40	36
2	5 Min. auf 50° erhitzt .				40	37
3	Nur gekühlt	1 Std. nach dem Melken	6,57	6,2	38	36
4	5 Min. auf 50° erhitzt .				39	36
5	Nur gekühlt	5 Std. nach dem Melken	6,53	6,2	21	28
6	5 Min. auf 50° erhitzt .				39	37
7	Nur gekühlt	22 Std. nach dem Melken	6,52	6,8	17	23
8	5 Min. auf 50° erhitzt .				40	35
	B. Nicht tiefgekühlt, bei Zimmertemperatur (18°) aufbewahrt.					
1	Nur gekühlt	Sofort nach dem Melken	6,57	6,2	40	36
2	5 Min. auf 50° erhitzt .				40	37
3	Nur gekühlt	1 Std. nach dem Melken	6,57	6,2	40	36
4	5 Min. auf 50° erhitzt .				39	36
5	Nur gekühlt	5 Std. nach dem Melken	6,50	6,8	39	37
6	5 Min. auf 50° erhitzt .				40	37
7	Nur gekühlt	22 Std. nach dem Melken	6,40	11,6	32	33
8	5 Min. auf 50° erhitzt .				31	33

Altern der Milch schädigt die Aufrahmung (Tab. 1 A 1; 5; 7). Die Aufrahmung roher, gealterter Milch ist als Standard für das Aufrahmungsvermögen, z. B. bei Versuchen über den Einfluß der Erhitzung also nicht zu gebrauchen. Alte Versuche, die diese Tatsache nicht berücksichtigt haben, müssen daher zu Irrtümern Veranlassung geben. Dagegen geht aus den Werten für die im Kühlraum gealterten Proben (A) hervor, daß ein Erhitzen auf 50° von 5 Minuten genügt, um bei einer geschädigten Aufrahmung den ursprünglichen Aufrahmungswert wieder zu erreichen. Aus diesem Grunde wurde, da bei den Versuchen nicht immer frische Milch zur Verfügung stand, dies als Standard benutzt, und wenn nicht anders angegeben, die Kontrollprobe auf diese Temperatur erhitzt. Es zeigen die Versuche aber weiterhin, daß fünfstündiges Aufbewahren der Milch bei Zimmertemperatur (B) keine Aufrahmungsschädigung herbeiführt gegenüber der 5 Stunden bei tiefen Temperaturen gealterten Milch. Bei langem Stehenlassen bei Zimmertemperatur ist die Säuerung der Milch fortgeschritten, so daß ein direkter Vergleich mit der gekühlten Milch nicht mehr möglich war. Diese Schädigung durch Säuerung ist durch Erhitzung nicht mehr zu beheben.

Einfluß der Raumtemperatur auf die Aufrahmung.

Für die Aufrahmung ist auch die Raumtemperatur, bei der die Milch zur Aufrahmung gelangt, von entscheidendem Einfluß. Diese wird nach einiger Zeit von der Milch angenommen.

Die Versuche wurden bei 3° und 17° ausgeführt, um die Verhältnisse der Praxis nachzuahmen, bei 3° als Kühlraumtemperatur, wenn die Milch nach dem Abfüllen auf Flaschen im Kühlraum zur Aufbewahrung gelangt, und bei 17°, wenn sie nach dem Abfüllen gleich abgegeben wird. Wir erhitzten zur Klärung dieser Fragen eine Milch für 5 Minuten auf 50° und brachten sie bei den angegebenen Temperaturen zur Aufrahmung; und zwar eine Probe ohne Kühlung, eine zweite nach Kühlung auf 17° und eine dritte nach Kühlung auf 3°.

Die Resultate gehen aus nachfolgender Tabelle hervor.

Tabelle 2. *Einfluß der Raumtemperatur.*

	Aufrahmung			
	bei 17° Raumtemperatur		im Kühlraum 3°	
	Temperatur in C-Graden nach	Aufrahmung in ccm nach 2 Std.	Temperatur in C-Graden nach	Aufrahmung in ccm nach 2 Std.
	1 Std. / 2 Std.		1 Std. / 2 Std.	
Die Milch wurde 5 Min. auf 50° erhitzt, dann:				
1. nicht gekühlt	32 / 23	3	23 / 16	5
2. auf 17° gekühlt	17 / 17	8	14 / 12	11
3. „ 3° „	8 / 12	17	3 / 3	32

Die Rahmschicht der tiefgekühlten Probe war am höchsten und bereits nach 1½ Stunden abzulesen, während dies bei den anderen Proben (1 und 2) nach 2 Stunden noch schwierig war. Ebenso ist bei diesen die Höhe der Rahmschicht sehr gering. Die Temperatur der Milch nach 1 und 2 Stunden ist in der Tabelle angegeben. Es zeigte sich eine langsame Annahme der Umgebungstemperatur, die eine verhältnismäßig gute Aufrahmung der bei 17° zur Aufrahmung gelangten tiefgekühlten Probe und andererseits eine schlechte der auf 17° gekühlten im Kühlraum zur Aufrahmung gelangten Milch bedingt.

Für die Praxis ist dies insofern von Bedeutung, als für die Erzielung einer hohen Rahmschicht eine schnelle Tiefkühlung wesentlicher ist als eine Aufrahmung wassergekühlter Milch im Kühlraum.

Weiterhin wurden die Versuche über den Einfluß der verschiedenen Raumtemperaturen auf die Aufrahmung bei Temperaturen von 5—60° ausgedehnt. Eine Hälfte der Milch wurde dauerpasteurisiert und anschließend auf die einzelnen Temperaturen gekühlt und bei diesen zur

Aufrahmung gebracht und gehalten. Ebenso die andere Hälfte roh, nur auf die einzelnen Temperaturen erhitzt und bei diesen gehalten. Die Abb. 1 zeigt den Einfluß der Temperatur während der Aufrahmung.

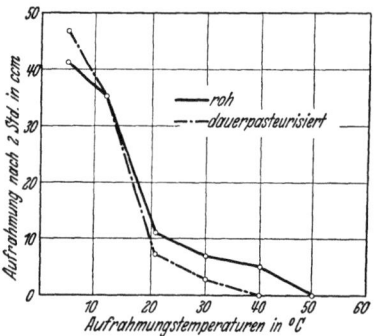

Abb. 1. Einfluß der Aufrahmungstemperatur.

Die Abnahme der Aufrahmungsgeschwindigkeit bei höheren Temperaturen ist so groß, daß von 40° an in 2 Stunden kaum eine Rahmschicht gebildet wird.

Schädigung der Aufrahmung durch Gefrieren.

Bei strenger Winterkälte kommt es auf dem Transport häufig vor, daß die Milch in den Kannen gefriert. Da sich schon das Lagern bei tiefen Temperaturen als aufrahmschädigend erwies, haben wir durch den nachfolgenden Versuch den Einfluß des Gefrierens auf die Aufrahmung festgestellt.

Hierbei wurde die Milch nicht umgerührt, so daß sie sich entmischte, um den praktischen Fall des Gefrierens der Milch in den Kannen während des Transportes nachzuahmen. Es handelt sich um eine 12 Stunden bei +10° aufbewahrte Abendmilch. Sie hatte also den Zustand der „Kälteschwere" erreicht, wie nach der folgenden Tabelle (3) auch aus den Unterschieden zwischen der roh und der 5 Minuten auf 50° erhitzten Probe hervorgeht. Ferner wurden 3 Proben bei —2, —5 und —10° der Kälte ausgesetzt. Nachdem diese nach mehreren Stunden gefroren waren, wurden sie vorsichtig im fließenden Wasser aufgetaut. Sie erreichten kaum 15°. Dann wurde eine Hälfte jeder Probe auf 4° gekühlt, die andere dagegen 5 Minuten auf 50° erhitzt, erst dann auf 3° gekühlt und zur Aufrahmung gebracht (siehe Tab. 3).

Wir fanden bei den zuvor gefrorenen und nicht auf 50° erhitzten Proben die gleiche Aufrahmungsschädigung wie bei der rohen Kontroll-

Tabelle 3. *Einfluß der Kälte.*

Nr.		Aufrahmung im Kühlraum (3°) nach		
		2 Std.	4 Std.	18 Std.
		in ccm		
1	Kontrolle roh	15	30	32
2	„ 5 Min. auf 50° erhitzt	31	31	30
3	Bei —2° gefrieren lassen	15	25	21
4	„ —4° „ „	18	22	20
5	„ —10° „ „	20	25	25
6	Wie 3, aber 5 Min. auf 50° erhitzt und gekühlt . .	25	30	31
7	„ 4, „ 5 „ „ 50° „ „ „ . .	24	29	30
8	„ 5, „ 5 „ „ 50° „ „ „ . .	22	30	30

probe. Bei der auf 50° erhitzten war die Schädigung nur noch gering und nach 4 Stunden ausgeglichen.

Dauerpasteurisierung.

Schon vor längerer Zeit wurde durch praktische Dauerpasteurisierungsversuche (30 Minuten) von *Burri*[11] und *Harding*[12] festgestellt, daß die höchste Rahmschicht durch eine Erhitzung auf 61° erzielt wird, die dann meist die Werte für Rohmilch überragt. Dies ist aber nicht immer der Fall, sondern nur bei einer längere Zeit gekühlten (gealterten), vielleicht mit 10—15° angelieferten Rohmilch kann die Aufrahmungskraft durch das Erhitzen auf 60° verbessert werden. Eine frisch ermolkene Rohmilch besitzt dagegen ohne Erhitzen die günstigsten Aufrahmungseigenschaften.

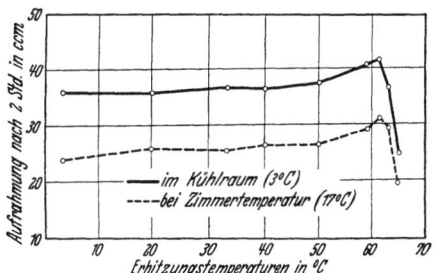

Abb. 2. Dauerpasteurisierung.

So seien die Kurven eines Versuches angeführt, die den Einfluß der Dauerpasteurisierung auf die Höhe der Rahmschicht zeigen sollen. Es handelt sich um eine Abendmilch, die 12 Stunden bei 4° aufbewahrt wurde und dann am nächsten Morgen zur Aufrahmung gelangte. Die einzelnen Milchproben wurden 30 Minuten lang auf die verschiedenen Temperaturen erhitzt. Von jeder Probe wurde nach deren Erhitzung auf die verschiedenen Pasteurisierungstemperaturen ein Teil auf 3° und ein Teil auf 17° gekühlt und bei diesen Temperaturen zur Aufrahmung gebracht.

Wie aus Abb. 2 hervorgeht, wird bei der sofortigen Tiefkühlung auf 3° die bei weitem höhere Rahmschicht als bei der Kühlung auf 17° erreicht. Im übrigen konnte bestätigt werden, daß das Optimum bei etwa 61° — bei anderen Milchproben lag es bei 60 oder 62° — liegt und bei Erhitzung auf Temperaturen über 63° für 30 Minuten eine starke Schädigung oder Vernichtung der Aufrahmung auftritt. Da wir vermuteten, daß die Erhitzung der Milch die Größe der Fettkügelchen auch beeinflußt, wurden Auszählungen der Fettkügelchen der einzelnen Größenklassen gemacht.

Tabelle 4. *Einfluß der Erhitzung auf die Größe der Fettkügelchen.*

	Prozentualer Anteil der Größenklassen während 30 Min. Erhitzungstemperatur				
	roh	34°	60°	63°	65°
Größenklasse 0—3 μ	63,3	63,0	61,0	55,8	65,0
3—6 μ	35,0	35,1	36,2	41,5	33,0
Größer als 6 μ	1,7	1,9	2,8	2,7	2,0
Kubikzentimeter-Rahmschicht	32	30	41	33	32

In Bechergläsern wurden die Proben, unter vorsichtigem Umrühren, um ein Ausbuttern zu vermeiden, 30 Minuten lang bei den verschiedenen in der Tab. 4 angegebenen Temperaturen gehalten, dann auf 3° gekühlt und im Kühlraum zur Aufrahmung gebracht. Die gleichzeitigen Auszählungen der Fettkügelchen wurden nach dem Verfahren von *van Dam* und *Sirks*[4] vorgenommen.

Es zeigt sich in vorstehender Tabelle eine Zunahme der mittleren und größeren Fettkügelchen bei Erhitzung auf 60—63°, bei 65° erfolgt eine geringe Abnahme der größeren Fettkügelchen. Die Tabelle zeigt Mittelwerte aus 3 Versuchen. Die Veränderung der Fettkügelchengröße ist nicht die Ursache der Unterschiede der verschiedenen Rahmschichten, da z. B. bei 63° trotz der Zunahme der mittleren Fettkügelchen gegenüber der auf 60° erhitzten Probe schon eine Schädigung der Aufrahmung eingetreten ist.

Schneck und *Muth*[2] haben die Vermutung ausgesprochen, daß nur das Fett oder dessen nächste Umgebung Temperatureinflüssen zugänglich ist, die ein wechselndes Konglomerationsvermögen bzw. eine sich damit ändernde Aufrahmungsfähigkeit bedingen. Sie haben einmal Magermilch und Rahm gemischt erhitzt, dann erhitzte Magermilch mit rohem Rahm eingestellt und umgekehrt rohe Magermilch mit erhitztem Rahm. Es wurde hierbei festgestellt, daß die Erhitzung der Magermilch für die Aufrahmung bedeutungslos, dagegen der Rahm gegen eine Erhitzung sehr empfindlich ist.

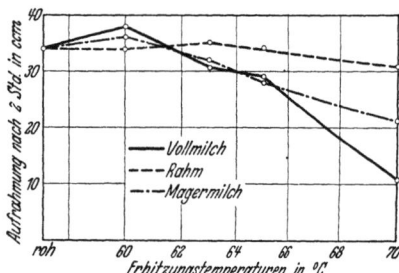

Abb. 3. Getrennte Erhitzung.

Wir konnten dies in mehreren Versuchen nicht bestätigen. Wir erhitzten Magermilch für die Dauer von 30 Minuten bei verschiedenen Temperaturen und stellten diese Magermilch mit rohem Rahm auf den Fettgehalt der Vollmilch ein, weiterhin rohe Magermilch mit 30 Minuten bei verschiedenen Temperaturen pasteurisiertem Rahm. Die Ergebnisse sind aus folgender Kurventafel ersichtlich.

Abb. 3 zeigt, daß die Pasteurisierung des Rahms auf die Aufrahmung ohne Einfluß ist. Auch selbst eine Erhitzung auf 70° für 30 Minuten hatte nur eine unwesentliche Schädigung zur Folge. Die Kurve der pasteurisierten Magermilch stimmt ziemlich mit der Vollmilchkurve überein. Die Erhitzung der Magermilch über 63° schädigte die Aufrahmung ebenso wie bei der Vollmilch stark. Dies erlaubt somit den Rückschluß, daß die Aufrahmung in erster Linie von dem Milchplasma abhängig ist.

3. *Säuerung der Milch.*

Um den Einfluß der Säuerung festzustellen, wurden 4 Milchproben zuerst 5 Minuten auf 50° erhitzt, dann gekühlt und sofort nach Zugabe von Milchsäure bzw. Natronlauge auf die verschiedenen Säuregrade eingestellt. Abb. 4 gibt davon eine Übersicht.

Mit ansteigender Säuerung fällt die Höhe der Rahmschicht. Zwischen 6 und 10 Soxhlet-Henkel ist der Unterschied nicht besonders groß.

4. Einfluß der molkereitechnischen Behandlung der Milch auf die Aufrahmung.

In der milchwirtschaftlichen Praxis hat man häufig eine Beeinflussung der Aufrahmungskraft durch Molkereimaschinen festgestellt. So gilt nach *Rahn*[13] vor allem die Drehkolbenpumpe als sehr stark aufrahmungsschädigend. Besonders groß ist diese Schädigung bei niedrigen Temperaturen, was auf eine Zertrümmerung der Fettkügelchen und der Haufen zurückgeführt wurde.

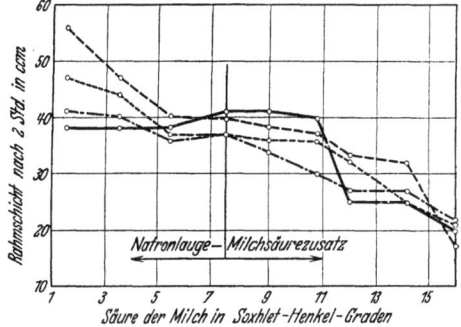

Abb. 4. Einfluß des Säuregrades auf die Aufrahmung von 4 verschiedenen Milchproben.

Zur Untersuchung der Frage, wann sich das Pumpen als am wenigsten schädlich erweise, wurden mit einer Drehkolbenpumpe (System „Astra") 1000 l Stundenleistung) Versuche angestellt. Dauerpasteurisierte Milch mit einem Fettgehalt von 3% wurde bei verschiedenen Temperaturen gepumpt. Die Rohrlänge hinter der Pumpe betrug 27,5 m (einschließlich 3,2 m Steighöhe) und die Rohrweite 34 mm. Die Proben wurden sofort nach der Abnahme auf 3° gekühlt und im Kühlraum zur Aufrahmung gebracht. Wir dehnten dann die Versuche über 24 Stunden bei 6—10° gealterter Milch aus (B) (siehe Tab. 5).

Es zeigte sich bei frischer Milch (A) zunächst nur eine geringe Schädigung sowohl bei hohen wie bei niedrigen Temperaturen. Durch eine nachfolgende Erhitzung (C) der bei niedrigen Temperaturen gepumpten Milch für 5 Minuten auf 50° wird die Aufrahmungskraft nicht vollständig wiederhergestellt. Beim Pumpen einer 24 Stunden gealterten Milch tritt eine starke Schädigung ein, bei niedrigen Temperaturen wird die Aufrahmung praktisch vernichtet (Probe 5). Nur aus dem Aufrahmungsgrad in den oberen 50 ccm ist noch eine gewisse Fettanreicherung festzustellen.

Eine gealterte und bei niedrigen Temperaturen gepumpte Milch rahmt auch nach einer Erhitzung nicht mehr auf (Probe 11).

Der nach 18 Stunden bestimmte Aufrahmungsgrad verläuft in allen Fällen in gleicher Richtung. Die Feststellung der Fettverteilung ergab nur geringe Änderungen in der Kügelchengröße, so daß sie für die großen Unterschiede in der Aufrahmung bedeutungslos sein muß.

Tabelle 5. *Einfluß einer Drehkolbenpumpe auf die Aufrahmung dauerpasteurisierter Milch.*

	Aufrahmung im Kühlraum nach 2 Std. in ccm	Aufrahmungsgrad nach 18 Stunden
A. Frische dauerpasteurisierte Milch:		
1. Kalt gepumpt 6°	27	76
2. Kontrolle zu 1 nicht gepumpt	29	79
3. Warm gepumpt 59°	29	81
4. Kontrolle zu 3 nicht gepumpt	30	77
B. 24 Stunden gealterte Milch:		
5. Kalt gepumpt 6°	Rahmt nicht auf	31 (da keine Rahmschicht; in den oberen 50 ccm)
6. Kontrolle zu 5 nicht gepumpt	12	52
7. Warm gepumpt 59°	17	61
8. Kontrolle zu 7 nicht gepumpt	28	76
C. Erhitzen der bei niedrigen Temperaturen gepumpten Milch:		
9. Wie 1; 5 Min. auf 50° erhitzt	29	78
10. „ 2; 5 „ „ 50° „	30	81
11. „ 5; 5 „ „ 50° „	Rahmt nicht auf	38 (da keine Rahmschicht; in den oberen 50 ccm)
12. Wie 6; 5 Min. auf 50° erhitzt	28	62

Weiterhin ist uns aus der Praxis bekannt[14], daß ein Stürzen der gealterten Milch bei größeren Höhenunterschieden für die Aufrahmung schädlich sein kann. Dies nachzuprüfen, wurde folgender Versuch durchgeführt:

Wir ließen dauerpasteurisierte Milch nach dem Kühlen auf 6° von einem Hochbassin aus fallen und brachten sie gleich darauf zur Aufrahmung. Eine Parallelprobe der Milch wurde bei 6° aufbewahrt und nach 18 Stunden dem gleichen

Tabelle 6. *Einfluß der Fallhöhe auf die Aufrahmung dauerpasteurisierter Milch.*

	Aufrahmung im Kühlraum in ccm			
	nicht erhitzt nach		5 Min. auf 50° erhitzt und gekühlt nach	
	2 Std.	4 Std.	2 Std.	4 Std.
A. Frisch:				
1. Kontrolle	27	29	28	29
2. Bei 670 l Stundenleistung	6	16	21	26
3. „ 3200 l „	12	19	23	28
B. 18 Stunden gealtert:				
1. Kontrolle	13	18	27	28
2. Bei 720 l Stundenleistung	—	7	—	12
3. „ 3200 l „	—	9	16	24

Versuch unterworfen. Die Fallhöhe betrug 3,85 m und der Durchmesser des Rohres 34 mm. Die Stundenleistung konnte bei Verwendung desselben Systems je nach der Öffnung des am unteren Ende des Rohres angebrachten Ausflußhahnes variiert werden. Die zur Aufrahmung abgenommenen Proben wurden einmal gekühlt und eine Parallelprobe 5 Minuten auf 50° erhitzt und beide im Kühlraum zur Aufrahmung gebracht (siehe Tab. 6).

Bei der frischen Milch (A) war bei ganzer Hahnöffnung (3200 l Stundenleistung) schon eine erhebliche Aufrahmungsschädigung festzustellen. Wurde die Leistung auf 670 l Stundenleistung verringert, so war die Schädigung noch größer. Dieses ist nicht auf das langsame Strömen im Rohr zurückzuführen, sondern muß auf eine stärkere Durchwirbelung und schnellere Strömung der Milch in der *engeren* Ausflußöffnung als bei der großen Leistung von 3200 l/std zurückgeführt werden. In beiden Fällen ist die Aufrahmungsfähigkeit aber durch ein Erhitzen von fünf Minuten auf 50° fast wieder ganz herzustellen. Die 18 Stunden gealterte Milch zeigt in diesem Versuch wieder ähnliche Verhältnisse wie bei dem vorhin beschriebenen Einfluß der Drehkolbenpumpe. Die Schädigung ist bei gealterter Milch am größten, wächst in diesem Falle mit Verringerung der Leistung und ist bei einer Stundenleistung von 720 l selbst durch ein Erhitzen nicht mehr zu beheben. Auch hier ist der Grund die bedeutend größere Geschwindigkeit in der Ausflußöffnung.

Für die Praxis geht hieraus hervor, daß, falls man gezwungen ist, die Milch längere Zeit aufzubewahren, die spätere Behandlung sehr vorsichtig sein muß. Ein Pumpen oder Fallenlassen bei größeren Höhenunterschieden und niedrigen Temperaturen ist nach Möglichkeit zu vermeiden; ebenso enge Ausflußöffnungen, in welchen eine starke Durchwirbelung der Milch stattfindet.

5. Aufrahmung der homogenisierten Milch.

Zur Herstellung von sterilisierter Milch hat die Homogenisierung eine wachsende Bedeutung gewonnen. Man erreicht hierdurch, daß die Milch selbst nach längerem Stehen nicht mehr aufrahmt. Die Fettkügelchen werden unter hohem Druck durch enge Spalten von 10—20 μ gedrängt und hierdurch zersplittert und zerkleinert. Diese Fettverteilung soll der einer Magermilch mindestens gleich sein, so daß also keine Fettkügelchen von mehr als 3 μ vorhanden sind[15]. Man nahm von diesen Größenklassen an, daß die Geschwindigkeit des Auftriebes so gering sei, daß sie für die Aufrahmung praktisch nicht in Frage komme. Wird nun aber Vollmilch zentrifugiert, der gewonnene Rahm homogenisiert und mit der dazugehörigen Magermilch auf den Fettgehalt der Vollmilch eingestellt, so zeigt sich eine bedeutende (2—4fache) Vergrößerung der Rahmschicht sowie Verbesserung des Aufrahmungsgrades gegenüber der unbehandelten, nur 5 Minuten auf 50° erhitzten Milch[16].

Nach unseren Versuchen ist die Höhe der zu erzielenden Rahmschicht von der Vorbehandlung der Milch, dem Fettgehalt des Rahms, dem bei der Homogenisierung angewandten Druck und der Temperatur abhängig. Die nachfolgenden Versuche sollen uns zur Feststellung der Optimalbedingungen dienen. In diesem Abschnitt ist aus rein stilistischen Gründen nicht immer betont, daß es sich um die Entrahmung der Vollmilch zur Homogenisierung des Rahms bzw. der Magermilch und nachherigem Einstellen der beiden Teile auf den Fettgehalt der Vollmilch handelt, sondern nur kurz angeführt, welcher Teil und unter welchen Bedingungen homogenisiert wurde.

Begonnen wurde mit der Homogenisierung eines vorher dauerpasteurisierten Rahmes bei verschiedenem Druck, und zwar von 120 bis 200 Atmosphärenüberdruck (atü). Dieser Rahm wurde mit roher und mit 30 Minuten bei 60° pasteurisierter Magermilch eingestellt.

Die Homogenisierung des Rahmes verursacht somit eine wesentliche Vergrößerung der Rahmschicht gegenüber der unbehandelten auf 50° während 5 Minuten erhitzten Vollmilch, die aber nicht mit einem besseren Aufrahmungsgrad parallel geht. Der Aufrahmungsgrad 91 der Kontrollprobe wurde nicht mehr erreicht, vielmehr bleiben größere Fettmengen in der Magermilch zurück und die höhere Rahmschicht ist auf eine lockere Lagerung der Fettkügelchen zurückzuführen. Diese steigen, wie eine mikroskopische Beobachtung zeigte, als traubenförmige Haufen auf und bilden die vergrößerte Rahmschicht. Bei längerem

Tabelle 7. *Homogenisierung des Rahms bei verschiedenem Druck.*
(Mischmilch 3,6%; Rahm 27%; Magermilch 0,02%. Die Temperatur des dauerpasteurisierten Rahms betrug bei der Homogenisierung 61°, nachher wurde er mit Magermilch auf den Fettgehalt der Vollmilch eingestellt, auf 3° gekühlt und schließlich im Kühlraum zur Aufrahmung gebracht.)

	Homogenisierung Druck (atü)	Fett % der eingestellten Vollmilch	Aufrahmung nach 2 Std.	4 Std.	Aufrahmung nach 18 Stunden	
			in ccm		ccm	Grad
Vollmilch (Kontrolle) 5 Min. auf 50° erhitzt	—	3,6	55	47	39	91
A. *Magermilch roh:*						
Rahm pst., nicht homog.	—	3,6	21	23	23	58
„ „ und homog.	120	3,2	74	65	49	67
„ „ „ „	140	3,5	88	77	56	76
„ „ „ „	160	3,4	95	85	60	71
„ „ „ „	180	3,55	101	88	63	71
„ „ „ „	200	3,6	101	89	62	79
B. *Magermilch dauerpasteurisiert:*						
Rahm past., nicht homog.	—	3,8	24	24	30	60
„ „ und homog.	120	3,55	103	87	60	62
„ „ „ „	140	3,75	127	110	70	70
„ „ „ „	160	3,8	148?	119	84	70
„ „ „ „	180	3,7	135?	122	83	76
„ „ „ „	200	3,8	138?	125	86	72

Stehen rücken sie näher aneinander, wodurch die immer beobachtete Schrumpfung der Rahmschicht bedingt ist. Tab. 7 zeigt weiterhin, daß in beiden Fällen das Optimum bei dem höchstmöglichen Druck 180 bis 200 atü liegt. Ob es sich bei höherem Druck noch verschiebt, konnte nicht festgestellt werden, da die zur Verfügung stehende Homogenisierungsmaschine dies nicht erlaubte. Fernerhin war in jedem Falle die Aufrahmung mit dauerpasteurisierter Magermilch am günstigsten. Bei 160—200 atü war die Rahmschicht so groß, daß sie sich meist nach 4 Stunden erst scharf abgrenzte und dann auch erst genau abzulesen war.

Das Verhältnis der Aufrahmung der Proben mit roher bzw. pasteurisierter Magermilch gegenüber der rohen Vollmilch war im Optimum nach 4 Stunden 1 : 1,9 bzw. 1 : 2,6. Bei den weiteren Versuchen wurde, wenn nicht anders angegeben, nur noch mit dauerpasteurisierter Magermilch eingestellt.

Zunächst folgte jetzt die Feststellung der günstigsten Homogenisierungstemperatur, und zwar zwischen 30 und 80° bei 180—200 atü. Die Homogenisierungstemperatur wurde zwischen 30 und 80° variiert, und zwar für rohen und für dauerpasteurisierten Rahm (22,5% Fett). Dieser wurde nach der Homogenisierung mit dauerpasteurisierter Magermilch eingestellt, auf 3° gekühlt und im Kühlraum zur Aufrahmung gebracht.

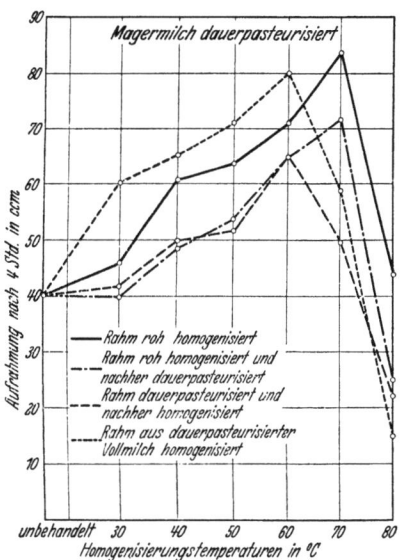

Abb. 5. Homogenisierungstemperatur.

Abb. 5 gibt einen Überblick über diesen Aufrahmungsversuch bei Bestimmung der Aufrahmung nach 4 Stunden.

Wiederholte Versuche haben gezeigt, daß man hierbei einen Unterschied zwischen rohem und dauerpasteurisiertem Rahm machen muß. Bei vorher dauerpasteurisiertem Rahm sowie bei Rahm aus dauerpasteurisierter Vollmilch liegt das Aufrahmungsoptimum bei 60—63°. Dagegen fanden wir es für rohen und nachher dauerpasteurisierten Rahm bei 70°.

Es zeigte sich bei den Versuchen weiterhin, daß bei verschiedenem Fettgehalt des zur Homogenisierung benutzten Rahms die Höhe der erzielten Rahmschicht recht verschieden war. Um das Optimum der Fettkonzentration festzustellen, stellten wir Rahmproben ein und derselben Milch auf verschiedene Fettgehalte ein und homogenisierten diese. Es zeigte sich im Laufe von verschiedenen Versuchen, daß ein Rahm mit weniger als 15% Fett nach der Homogenisierung nicht mehr aufrahmt (s. Tab. 8). Fernerhin zeigte sich, daß ein zu hoher Fettgehalt ebenfalls ungünstig ist und das Optimum zwischen 20 und 25% Fett liegt. Enge Grenzen lassen sich nicht ziehen, da sich die verschiedenen Milchen nicht gleichmäßig verhalten. Tab. 8 zeigt ein Beispiel.

Tabelle 8. *Einfluß des Fettgehaltes des homogenisierten Rahmes auf die Aufrahmung.* (Homogenisierungstemperatur 60° und -druck 180—200 atü.)

	Fettgehalt in %		Aufrahmung in	
	der homogenisierten Flüssigkeit	der eingestellten Vollmilch	2 Std.	4 Std.
1. Vollmilch nicht homogenisiert . .	—	3,6	48	40
2. ,, homogenisiert	—	3,6	—	—
3. Rahm homogenisiert	9,5	3,6	—	—
4. ,, ,, ...	15,0	4,0	—	64 ? nach 6 Std. 65
5. ,, ,, ...	20,0	3,5	90	80
6. ,, ,, ...	25,5	3,6	95	80
7. ,, ,, ...	31,5	3,35	60	52
8. ,, ,, ...	35,0	2,9	70	60
9. ,, ,, ...	45,0	3,15	57	50

Beseitigung des schädigenden Erhitzungseinflusses auf die Aufrahmung durch die Homogenisierung des Rahms.

Da durch die vorausgehenden Versuche eine wesentliche Besserung der Aufrahmung durch die Homogenisierung des Rahms festgestellt wurde, erschien es uns wahrscheinlich, daß auch die sonst die Aufrahmung schädigende Pasteurisierung der Vollmilch bei höheren Temperaturen durch die Homogenisierung des Rahms günstig zu beeinflussen sei. Zahlreiche Versuche ergaben auch, daß die Aufrahmung einer pasteurisierten Milch tatsächlich auf diese Weise zu verbessern ist, und zwar immer, wenn die pasteurisierte Milch nur noch eine geringe Aufrahmungskraft besitzt. Bei einer 30 Minuten auf verschiedene Temperaturen erhitzten Milch gelang es, die Höhe der Rahmschicht der bei 66° erhitzten Probe so zu verbessern, daß die Rahmschicht ebenso groß war wie bei der auf 61° erhitzten sonst unbehandelten Milch bzw. der rohen Kontrolle (s. Tab. 9).

Bei der Momentpasteurisierung (z. B. im Tödt) liegt die Grenze, bei der noch durch die Homogenisierung des Rahms eine gute Rahmschicht zu erzielen ist, bei 76°. Es ist z. B. in Tab. 10 ein in der Lehrmeierei der Forschungsanstalt mit dem Tödt-Momenterhitzer durchgeführter Versuch angeführt. Von der auf verschiedene Temperaturen erhitzten Milch wurde von jeder Probe eine Hälfte (A) ohne weitere Behandlung im

Tabelle 9. *Homogenisierungsversuch mit dauerpasteurisierter Milch.*
(Homogenisierungstemperatur 60°. Fettgehalt des homogenisierten Rahms 20 bis 25%. Vor der Aufrahmung Tiefkühlung auf 3° und Aufrahmung im Kühlraum.)

	Dauerpasteuri-sierungs-temperatur	Aufrahmung in ccm nach	
		2 Std.	4 Std.
Vollmilch dauerpasteurisiert	61°	39	35
Rahm homogenisiert		100	90
Vollmilch dauerpasteurisiert	63°	26	26
Rahm homogenisiert		90	78
Vollmilch dauerpasteurisiert	66°	5	15
Rahm homogenisiert		55 ?	65

Kühlraum zur Aufrahmung gebracht. Die andere Hälfte (B) wurde zentrifugiert, der 20—25 proz. Rahm bei 60° und 180—200 atü homogenisiert, mit der *dazugehörigen Magermilch* auf den Fettgehalt der Vollmilch eingestellt und zur Aufrahmung gebracht. Man kann also durchschnittlich mit dem Verfahren der Homogenisierung des Rahms die Erhitzungstemperatur um 4° höher treiben, ohne die Aufrahmung zu schädigen.

Andererseits ist eine Erhöhung der Rahmschicht nur zu erzielen (s. Tab. 10), wenn auch die Kontrollprobe der jeweiligen Temperatur noch etwas Aufrahmungskraft zeigt, z. B. Versuch bei 78 und 80°.

Tabelle 10. *Homogenisierung des Rahms von momenterhitzter Milch.*

Erhitzungs-temperatur °		Fett in %		Aufrahmung in ccm nach		
		des homogeni-sierten Rahms	der Vollmilch	2 Std.	4 Std.	18 Std.
70	A	—	2,9	40	35	35
	B	22,5	3,0	90 ?	70	50
72	A	—	2,9	47	40	38
	B	24,0	3,0	65 ?	56	47
74	A	—	2,9	30	23	24
	B	24,5	3,1	70	58	41
76	A	—	2,9	5	10	20
	B	25,6	3,2	—	40	40
78	A	—	2,9	—	—	10
	B	25,0	3,3	—	25	35
80	A	—	2,9	—	—	5
	B	24,0	3,1	—	—	—

Einfluß der Homogenisierung der Magermilch auf die Aufrahmung.

Der Einfluß der Homogenisierung des Rahmes von verschiedenem Fettgehalt auf die Aufrahmung legte die Vermutung nahe, daß die Homogenisierung der Nichtfettbestandteile (Magermilch) für die Aufrahmung von Bedeutung sei. Dies konnte durch eine Homogenisierung der Magermilch und nachfolgender Einstellung derselben mit unbehandeltem Rahm festgestellt werden. Ein derartiger Versuch ist in Tab. 11 wiedergegeben.

Tabelle 11. *Einfluß der Homogenisierung der Magermilch auf die Aufrahmung.*
(Homogenisierungstemperatur 60° und -druck 180—200 atü.)

	Fettgehalt in %		Aufrahmung in ccm nach	
	der homogenisierten Flüssigkeit	der eingestellten Vollmilch	2 Std.	4 Std.
1. Vollmilch nicht homogenisiert . .	—	3,6	48	40
2. Magermilch homogenisiert . . .	—	3,6	—	—
3. Vollmilch homogenisiert	—	3,6	—	—
4. Rahm homogenisiert	15,0	4,0	—	64 ? nach 6 Std. 65
5. Rahm homogenisiert	20,0	3,5	90	80

In diesem Versuch wurde bei der Probe 2 lediglich die Magermilch homogenisiert und dann mit 30 Minuten bei 61° pasteurisiertem Rahm auf den Fettgehalt der Vollmilch eingestellt. Bei dieser Probe wurde die Aufrahmung innerhalb der angegebenen Zeit verhindert. Dieselbe Schädigung der Aufrahmung trat ein, wenn die Magermilch bei 61, 63 oder 65° dauerpasteurisiert und hinterher homogenisiert wurde.

Wir haben ferner die evtl. Abhängigkeit der Aufrahmung von der Homogenisierungstemperatur der Magermilch zwischen 30 und 80° festgestellt. In keinem Fall konnte unter 10 Stunden eine Rahmschicht festgestellt werden. Erst nach 18—20 Stunden war eine unwesentliche Rahmhöhe von 5—16 ccm abzulesen. Sichtbar liegt hiermit eine Hemmung der Aufrahmung durch die Homogenisierung der Magermilch vor. Altern der homogenisierten Magermilch, Erhitzen der 24 Stunden gealterten homogenisierten auf 50° brachten keine Änderung der Ergebnisse; auf die Wiedergabe der Tabelle kann deshalb verzichtet werden. Die sonst durch das Homogenisieren des Rahms gesteigerte Fetthäufchenbildung tritt, wie mikroskopisch beobachtet werden konnte, nicht mehr ein.

In weiteren Versuchen wurde festgestellt, daß bereits ein teilweises Zugeben von homogenisierter Magermilch bei der Einstellung auf Vollmilch eine Schädigung auf die Aufrahmung bewirkt. Das Homogenisieren erfolgt bei 180—200 atü und 60°. 24,5proz. Rahm wurde mit wechselnden Mengen von roher und homogenisierter Magermilch auf Vollmilch mit 3% Fett eingestellt zur Aufrahmung in den Kühlraum gebracht.

Es zeigte sich, daß ein Zusatz von 12—14% homogenisierter Magermilch die sichtbare Aufrahmung innerhalb 2—4 Stunden bereits vollständig verhinderte.

Es erklärt sich hiermit auch die Tatsache (aus Tab. 8 und 11), daß ein zur Homogenisierung verwandter Rahm unter einer gewissen Konzentration (15%) in der später mit ihm eingestellten unbehandelten Magermilch nicht mehr aufrahmt, da dieser homogenisierte Rahm zuviel Nichtfettbestandteile (Magermilch) enthält, die in der Homogenisierungsmaschine bearbeitet worden sind, oder andererseits der Zusatz an nicht homogenisierten Nichtfettbestandteilen (Magermilch) beim Einstellen auf Vollmilch zu gering geworden ist.

Tabelle 12. *Wechselnder Zusatz von homogenisierter Magermilch zum Rahm bei Einstellung auf Vollmilch.*

Prozentualer Anteil der homogenisierten Magermilch an den Gesamtflüssigkeiten	Aufrahmung in ccm nach	
	2 Std.	4 Std.
—	31	33
5	29	30
10	25	27
12	12	16
14	—	7
16	—	—

Alle Homogenisierungsversuche ergaben also, daß die Aufrahmungskraft fast unabhängig von der Größe des einzelnen Fettkügelchens ist (Verbesserung der Aufrahmung bei Verkleinerung der Fettkügelchen durch Homogenisierung von 20—25 proz. Rahm), dagegen die Behandlung der Magermilch ein Hauptfaktor für die Häufchenbildung des Fettes ist (s. Versuch Tab. 11 mit homogenisierter Magermilch).

Wie wir bereits bei den Versuchen Tab. 6 geschildert haben, kann ein Stürzen oder eine große Fließgeschwindigkeit der Milch die Aufrahmungskraft bereits vernichten. Die Fließgeschwindigkeit konnten wir in der Homogenisierungsmaschine leicht in einem sehr kurzen Fließbereich variieren, denn bei Anwendung ansteigenden Drucks wird lediglich die Düsenspalte verändert, die Leistung der Maschine aber konstant gehalten. Es ist daher die Fließgeschwindigkeit *nur* in der verengten Düse eine größere geworden. Um den Einfluß der verschiedenen Fließgeschwindigkeit beim Durchgang durch die Homogenisierungsmaschine festzustellen, wurden Vollmilch, Rahm und Magermilch getrennt bei verschiedenen Drucken homogenisiert und letztere dann mit den unbehandelten Komponenten auf den Fettgehalt der Vollmilch wieder eingestellt.

Bei dem Durchgang der Vollmilch durch die Homogenisierungsmaschine ohne Druck wurde die Aufrahmung fast nicht geschädigt, dagegen bei 50 atü während 2 Stunden verhindert und nach 4 Stunden auch nur gering. Die nachfolgende Auszählung der Fettkügelchen nach dem Rahnschen[3] Verfahren brachte bei diesem Druck noch keine Unterschiede in der Größe der Fettkügelchen. Wohl war bei den ohne Druck homogenisierten und gut aufrahmenden Proben eine Fetthäufchenbildung festzustellen, die bei der Anwendung von Druck fehlte.

Den gleichen Versuch führten wir darauf mit Rahm durch, der nachher mit unbehandelter Magermilch auf den Fettgehalt der Vollmilch

Tabelle 13. *Homogenisierung von Vollmilch, Rahm und Magermilch bei niedrigem Druck.*

Nr.		Aufrahmung in ccm nach		
		2 Std.	4 Std.	18 Std.
1	Vollmilch (Kontrolle)	40	35	30
2	Vollmilch homogenisiert ohne Druck bei 15°	35	32	30
3	Vollmilch homogenisiert bei 50 atü und 15°	—	10	20
4	Magermilch plus Rahm; beide unbehandelt (Kontrolle)	28	29	30
5	Rahm homogenisiert ohne Druck bei 15°	27	30	30
6	Rahm homogenisiert bei 50 atü und 15°	28	28	29
7	Magermilch homogenisiert ohne Druck bei 15°	27	27	29
8	Magermilch homogenisiert bei 50 atü und 15°	—	6	23

eingestellt zur Aufrahmung gelangte (s. Tab. 13, Proben 4—6). Der Rahm hatte einen Fettgehalt von 21%, die eingestellte Vollmilch von 3%. Es zeigte sich, wie aus der Tabelle zu ersehen ist, daß bei Rahm dieser geringe Druck keinen Einfluß auf die nachfolgende Aufrahmung hat.

Als dritten Versuch haben wir dann noch die Magermilch unter den gleichen Bedingungen homogenisiert und dann nachher mit unbehandeltem Rahm wieder auf den Fettgehalt der Vollmilch eingestellt und zur Aufrahmung gebracht. Wie zu erwarten war, war eine ganz erhebliche Schädigung der Aufrahmungskraft festzustellen. Die typischen mikroskopischen Bilder der ohne und mit Druck homogenisierten und mit normalem Rahm auf den Fettgehalt der Vollmilch eingestellten Magermilch (Proben 7 und 8) sind in den nachfolgenden Aufnahmen festgehalten (Abb. 6 und 7, s. Seite 19).

Die Häufchenbildung des nachher zugesetzten Rahms in der ohne Druck homogenisierten Magermilch (Probe 7) ist auffallend gegenüber der Einzellage der Fettkügelchen in der mit homogenisierter Magermilch eingestellten Probe 8.

Leider war es im Rahmen dieser Untersuchung aus technischen Gründen* nicht möglich, genau die Grenze der Fließgeschwindigkeit der Magermilch festzustellen, bei der eine Schädigung und danach Vernichtung der Aufrahmung nach Einstellung mit Rahm auf den Fettgehalt der Vollmilch eintrat.

Zusammenfassend kann über das Kapitel der Homogenisierung gesagt werden:

1. Bei der Trennung von Vollmilch in Rahm und Magermilch und der Homogenisierung des Rahms bildet die aus den beiden Komponenten

---

* Bei der uns zur Verfügung stehenden Maschine war infolge der Konstruktion eine genaue Messung der Düse unmöglich; exakte Angaben der Herstellungsfirmen von Homogenisierungsmaschinen in dieser Beziehung waren ebenfalls nicht zu erhalten.

wieder eingestellte Vollmilch eine erheblich größere Rahmschicht gegenüber unbehandelter Kontrollprobe.

2. Das Druckoptimum ist 180—200 atü.

3. Das Optimum der Temperatur bei der Homogenisierung ist 60° für dauerpasteurisierten Rahm und 70° für nicht erhitzten Rahm.

4. Das Optimum des Fettgehaltes des Rahms für die Homogenisierung ist 20—25%.

5. Die Homogenisierung von Magermilch verlangsamt bzw. vernichtet die Aufrahmung.

6. Zu große Durchwirbelung und Fließgeschwindigkeit der Magermilch schädigt bzw. vernichtet ebenfalls die Aufrahmung.

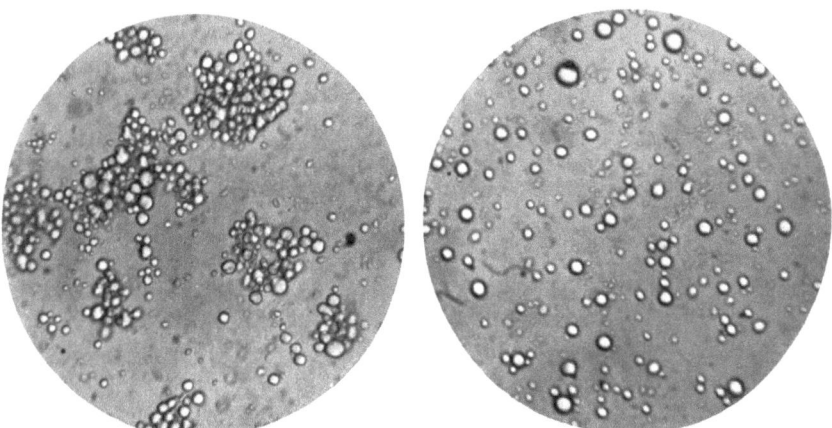

Abb. 6. Magermilch ohne Druck homogenisiert (Probe 7). Abb. 7. Magermilch bei 50 atü homogenisiert (Probe 8).

Im übrigen verlaufen die Versuche in derselben Richtung, wenn die Aufrahmung bei Zimmertemperatur 17—20° erfolgt.

Zusammenfassung.

Es wurden die die Aufrahmung beeinflussenden Faktoren des näheren untersucht.

Tiefgekühlte und längere Zeit (über 4 Stunden) gealterte Milch wird in der Aufrahmungsfähigkeit, ganz gleich, ob es sich um pasteurisierte oder Rohmilch handelt, geschädigt. Durch eine Erhitzung von 5 Minuten auf 50° wird diese Schädigung behoben, so daß die Milch wieder die Aufrahmung frisch ermolkener, tiefgekühlter Milch zeigt.

Das Optimum der Erhitzung liegt bei 60—61°. Höhere Rahmbildung als bei frisch ermolkener, tiefgekühlter Milch kann durch Erhitzen der Milch auf die Optimaltemperatur nicht erreicht werden; es wird dagegen innerhalb der Fehlergrenzen dieselbe Rahmschicht gebildet. Bei vergleichenden Versuchen über Schädigung der Aufrahmung durch irgendwelche Faktoren ist als Standard für die normale Aufrahmung, wenn man nicht ganz sicher ist, daß es sich um frisch ermolkene, tiefgekühlte Milch handelt, deshalb immer die Vergleichsprobe 5 Minuten bei 50 bis 60° zu erhitzen und tiefzukühlen.

Mit zunehmendem Säuregrad sinkt die Höhe der Rahmschicht. Für die molkereimäßige Bearbeitung ist zur Erzielung einer hohen Rahmschicht eine schnelle Tiefkühlung der Milch günstig; Wasserkühlung der Milch und Aufstellen im Kühlraum und damit eine verhältnismäßig langsame Abkühlung der Milch ungünstiger.

Gefrieren der Milch schädigt die Aufrahmung etwas; durch darauffolgende Erhitzung für 5 Minuten auf 50—60° wird diese Schädigung behoben.

Über 63° für 30 Minuten erhitzte Milch wird, wie bereits bekannt, in ihrer Aufrahmung stark geschädigt. Die Hitzeschädigung der Aufrahmung ist in erster Linie eine Beeinflussung der Magermilchanteile in der Vollmilch und nicht des Rahms. Pumpen der Milch bei warmen Temperaturen (zwischen 50 und 60°) schädigt die Aufrahmung nicht, kaltes Pumpen bei 6° bei frisch gekühlter Milch nur unwesentlich. Auch diese Schädigung läßt sich durch Erhitzen auf 50—60° rückgängig machen. Pumpen tiefgekühlter und 24 Stunden gealterter Milch schädigt die Aufrahmung nicht selten bis zur Vernichtung; durch nachträgliche Erhitzung bis auf 50—60° kann diese Schädigung nicht wieder beseitigt werden.

Dasselbe wie für Pumpen gilt für starkes Fließen der Milch, z. B. bei großem Gefälle in Rohren und auch für starke Durchwirbelung für nur sehr kurze Zeit, z. B. bei engen Ausflußöffnungen bei verhältnismäßig großer Stundenleistung.

Bei der Trennung von Vollmilch in Rahm und Magermilch und der Homogenisierung des Rahms bildet die aus den beiden Komponenten wieder eingestellte Vollmilch eine erheblich größere Rahmschicht gegenüber der unbehandelten Kontrollprobe. Hierfür liegt das Optimum des Druckes bei 180—200 atü; das Optimum der Temperatur bei der Homogenisierung bei 60° für pasteurisierte Milch und 70° für nicht erhitzten Rahm. Das Optimum des Fettgehaltes des Rahms für die Homogenisierung ist 20—25%. Eine Homogenisierung der Vollmilch oder Magermilch vernichtet das für die Aufrahmung erforderliche Fetthäufchenbildungsvermögen. Die Versuche zeigen, daß die Behandlung der Magermilch in erster Linie für die Fetthäufchenbildung verantwortlich zu machen ist.

II.
Versuche mit schlecht aufrahmenden Milchen.

Im allgemeinen ist, wie bereits eingangs gesagt, das Aufrahmungsvermögen der rohen Milch eine ihrer sinnfälligsten natürlichen Eigenschaften. Im Laufe dieser Untersuchungen stand uns aber zweimal eine schlecht aufrahmende Milch von Einzelgemelken je einer Kuh zur Verfügung.

Schlecht aufrahmende Milch Nr. 1.

Um etwaige Fehler, die durch Fütterung und Haltung der Kühe, sowie unzweckmäßige Behandlung der Milch bedingt sein könnten, bei den Versuchen nach Möglichkeit auszuschalten und um immer eine gute Vergleichprobe zur Hand zu haben, wurde Milch der 2. Kuh des Landwirts, aus dessen Stall die Probe schlecht aufrahmender Milch stammte, mit in den Kreis der Untersuchungen gezogen, so daß immer gute Vergleichswerte einer normalen Milch zur Verfügung standen. Die Aufrahmung der Milch dieser beiden Kühe ergab bei der 1. Probenahme folgende Rahmschichten in Prozenten der Milchmenge (die schlecht aufrahmende Milch stammt von der Kuh A, die normale Milch von der Kuh B):

Tabelle 1. *Aufrahmung im Kühlraum (3°).*

	Fett %	Roh gekühlt auf 4°			5 Min. auf 50° erhitzt und gekühlt auf 4°		
		2 Std.	3 Std.	18 Std.	2 Std.	3 Std.	18 Std.
Kuh A:							
Morgenmilch	3,05	rahmte nicht auf	5	9	18	20	21
Abendmilch	3,05	7	15	16	19	20	21
Kuh B:							
Morgenmilch	3,2	6	10	14	18	20	21
Abendmilch	3,2	8	13	15	19	21	21

Die Morgenmilch der Kuh A zeigte hiernach eine bedeutend langsamere und schlechtere Aufrahmung gegenüber den anderen Proben. Dies war durch ein Erhitzen auf 50° zu beseitigen. Bei einer einige Tage später wiederholten Probenahme ließ sich eine Besserung der Aufrahmung auch durch Erhitzen auf 50° nicht mehr erzielen. Die Fettverteilung der Morgenmilch wurde unter dem Mikroskop nach der schon erwähnten Methode[3] bestimmt und brachte die in Tab. 2 aufgeführten Ergebnisse. In dieser Tabelle wurden der Übersichtlichkeit halber die kleinen 0—3 μ, die mittleren 3—6 μ und die großen, größer als 6 μ zusammengezogen. Es zeigte sich eindeutig, besonders aber bei den Zahlen des Gewichtsanteiles der einzelnen Größenklassen vom Gesamtgewicht, daß sich in der Morgenmilch der Kuh A sehr viel kleine und mittlere, aber keine großen Fettkügelchen befanden.

Tabelle 2. *Fettverteilung in den Morgenmilchen.*

Größenklasse	Probe A		Probe B	
	Anzahl %	Gewichtsanteil	Anzahl %	Gewichtsanteil
0—3 μ	78,37	27,54	62,00	10,65
3—6 μ	21,23	72,46	36,84	77,06
Größer als 6 μ	—	—	1,16	12,29

Bei einer wenige Tage später erfolgten Probenahme rahmte auch die Abendmilch der Kuh A nicht mehr auf. Die Morgenmilch zeigte, selbst nach dem Erhitzen, während 2 Stunden nur eine 3proz. Rahmschicht. Die Fettverteilung erwies sich ähnlich der in der Tab. 2 aufgeführten Auszählung. Wie aber in voraufgehenden Kapiteln ausgeführt wurde, ist der Fettverteilung allein nur eine geringere Bedeutung beizumessen. Es wurde deshalb versucht, den Aufrahmungsvorgang unter dem Mikroskop zu beobachten. Bei Probe A zeigte sich eine fast vollständige Einzellage der Fettkügelchen, dagegen bei B eine Menge von Fetthaufen, die sich lebhaft nach oben drängten. Die nachfolgenden Bilder geben bei 320facher Vergrößerung diese Einzellage bzw. Haufen wieder.

Tabelle 3. *Austausch der Magermilch.*

	Aufrahmung in ccm im Kühlraum nach		
	2 Std.	4 Std.	18 Std.
Probe A	rahmt nicht auf	13	16
„ B	27	25	27
Magermilch A Rahm B	7	18	22
„ B „ A	30	28	25

Bei der Untersuchung des Einflusses der Dauerpasteurisierung auf normale Mischmilch wurde festgestellt, daß die Magermilch den empfindlichsten Aufrahmungsfaktor enthält. Wir stellten nun den gleichen Versuch mit der schlecht aufrahmenden Probe an, indem wir ihren Rahm und ihre Magermilch gegen die Magermilch und den Rahm der gut aufrahmenden Kontrollprobe austauschten und auf den vorherigen Fettgehalt einstellten.

Die Ergebnisse des Versuches zeigen uns, daß auch in diesem Fall bei einem Zusatz des Rahmes der sonst nicht aufrahmenden Milch zu der Magermilch der Kontrollprobe eine gute Aufrahmung zu erzielen ist. Umgekehrt ist in der Magermilch der schlecht aufrahmenden Magermilch der Rahm der Kontrollprobe nicht aufrahmungsfähig. Hieraus geht wieder eindeutig hervor, daß in erster Linie das Milchplasma für die Aufrahmung in Frage kommt.

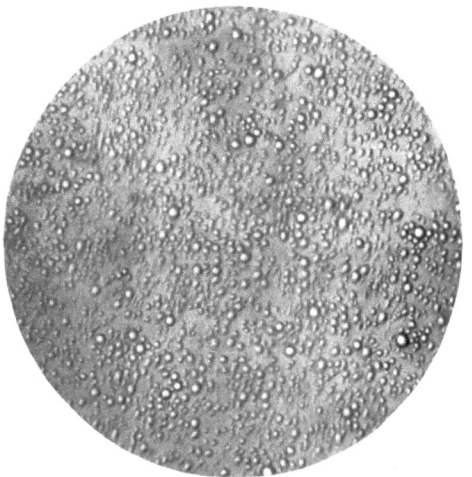

Abb. 1. Milch der Kuh A (schlecht aufrahmend).

Bei der chemischen Analyse wurde Gesamteiweiß, Kasein, Albumin und Chlorgehalt bestimmt (s. Tab. 4).

Die Milch der Kuh A hatte einen auffallend niedrigen Eiweißgehalt. *van Dam* und *Sirks*[4] haben früher die Vermutung ausgesprochen, daß dieser Eiweißgehalt für die Aufrahmung von Bedeutung ist, nachdem sie bei ihren Rahmanalysen fanden, daß bei der Aufrahmung eine Anreicherung von

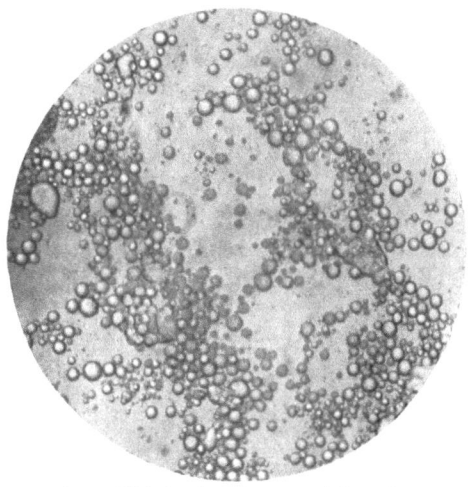

Abb. 2. Milch der Kuh B (gut aufrahmend).

Eiweiß in der Rahmschicht stattfindet. Sie berechneten die „Eiweißadsorptionszahl" und fanden, daß diese besonders bei altmelken Kühen mit dem Aufrahmungsgrad wächst.

Fernerhin wurden große Unterschiede im Chlorgehalt der Milchen festgestellt. Die schlecht aufrahmende Milch hatte einen abnorm hohen Chlorgehalt. In der Literatur befinden sich auch diesbezügliche Angaben. *Orla-Jensen*[8] schreibt, daß die „kuhschwere" (schlecht aufrahmende) Milch außer sehr kleinen Fettkügelchen

Tabelle 4. *Chemische Analyse**.

		Kasein %	Albumin %	Gesamt-eiweiß %	Chlor %
Kuh A	Morgenmilch	1,91	0,49	2,47	0,1365
	Abendmilch	1,89	0,74	2,78	
Kuh B	Morgenmilch	2,37	0,96	3,46	0,1187
	Abendmilch	2,51	0,91	3,55	

* Die chemische Analyse wurde in dankenswerter Weise vom Chemischen Institut der Preußischen Versuchs- und Forschungsanstalt übernommen.

auch einen verhältnismäßig hohen Salzgehalt besitzt, besonders an Chlornatrium. Er glaubt, es könne deshalb kaum ein Zweifel darüber bestehen, daß diese 2 Eigenschaften zusammen die Aufrahmungsträgheit verursachen. *Brouwer*[6] fand bei einem Zusatz von 5% einer 0,6proz. Natriumchloridlösung gegenüber einem Zusatz von 5% destilliertem Wasser eine starke Schädigung der Aufrahmung, und zwar beträgt diese im Durchschnitt der von ihm angegebenen Zahlen nach 4stündiger Aufrahmung 19,5%. Eine Nachprüfung dieser Versuche durch uns ergab bei 7 Proben verschiedener Milchproben nach 2 Stunden eine Schädigung der Aufrahmung von 6—17%, im Mittel 12%. Der Zusatz dieser schwachen Salzlösung erhöht den Chlorgehalt um 0,018%. Sicher ist also der erhöhte Chlorgehalt der Milch der Kuh A mit für die schlechte Aufrahmung verantwortlich zu machen.

Schlecht aufrahmende Milch Nr. 2.

Kurze Zeit später stand wieder eine Probe anormal aufrahmender Milch für wenige Tage zur Verfügung, die eine Kuh aus dem Versuchsstalle der Milchhygienschen Abteilung des Bakteriologischen Instituts lieferte. Sie stand unter dauernder bakteriologischer Kontrolle. Es war somit die Sicherheit gegeben, daß die Milch in bakteriologischer Hinsicht einwandfrei war.

Zur Vergleichskontrolle wurde eine Mischmilch aus der Lehrmeierei hinzugezogen.

Diese beiden roh auf 4° gekühlten und bei dieser Temperatur zur Aufrahmung gelangenden Milchproben ergaben folgende Rahmschichten.

Tabelle 5. *Aufrahmung*.

	Fett der Vollmilch %	Aufrahmung in ccm nach		
		2 Std.	4 Std.	24 Std.
Schlecht aufrahmende Milch	2,9	—	—	—
Kontrolle	3,4	32	30	30

Die schlechtaufrahmende Milch zeigte nach 24 Stunden noch keine Rahmschicht. Die Fettbestimmung der 5 Schichten von je 50 ccm der Aufrahmzylinder[17] ergab von unten nach oben folgende Werte:

Tabelle 6. *Fettgehalt nach der Aufrahmung.*

	Kontrolle	Schlecht aufrahmende Milch
0— 50 untere Schicht	0,60% Fett	1,00% Fett
50—100	0,80% ,,	1,55% ,,
100—150	0,85% ,,	2,00% ,,
150—200	0,85% ,,	2,50% ,,
200—250 obere Schicht (Rahmschicht)	22,50% ,,	7,35% ,,

Die Aufrahmung war bei der Versuchsprobe sehr gering, ein Erkennen der Grenzschicht Rahm — übrige Milch nicht möglich. Die Aufrahmung der schlecht aufrahmenden Milch besserte sich etwas, wenn die Proben vor dem Kühlen 5 Minuten auf 50° erhitzt wurden (Tab. 7).

Wie bei der vorhergehenden Probe wurden auch diesmal mikroskopische Aufnahmen der Fettverteilung angefertigt (s. Abb. 3 und 4).

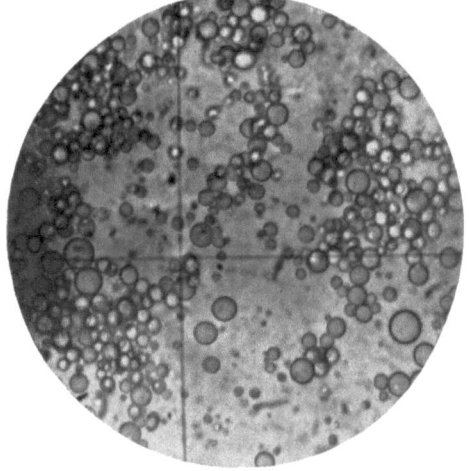

Abb. 3. Fettverteilung in der Kontrollmilch.

Die Bilder zeigen einen wesentlichen Unterschied in der Fettverteilung. In der schlecht aufrahmenden Milch war eine fast ausschließliche Einzellage der Fettkügelchen festzustellen, während die Kontrollmilch Haufen in normaler Menge aufwies. Die Größe der Fettkügelchen scheint bei Betrachtung der Bilder bei der schlecht aufrahmenden Milch geringer gegenüber denen der normalen Vergleichsmilch. Die Messung der Größe der Fettkügelchen ergab aber, daß dies nicht der Fall war, wie aus nachstehender Tab. 8 ersichtlich ist. Dieser scheinbare Widerspruch ist auf verschiedene Tubuseinstellung der mikroskopischen Aufnahme zurückzuführen.

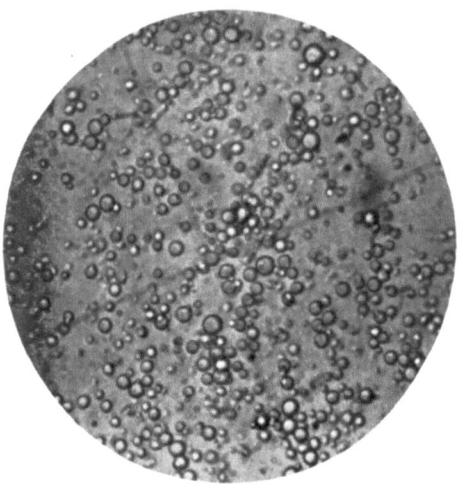

Abb. 4. Fettverteilung in der schlecht aufrahmenden Milch.

Tabelle 7. *Aufrahmung nach dem Erhitzen 5 Minuten auf 50°.*

Erhitzungs-temperatur	Rahmschicht nach			
	2 Std.	4 Std.	6 Std.	18 Std.
Roh	—	—	—	—
40°	—	—	—	9
50°	—	—	7	12
60°	—	11	14	17

(In den letzten Tagen der Versuche mit dieser schlecht aufrahmenden Milch verschlechterte sich die Aufrahmungskraft noch mehr, so daß zuletzt auch durch eine Erhitzung auf 60° keine Rahmschicht zu erzielen war.)

Tabelle 8. *Fettverteilung.*

Größenklasse	Anzahl der Fettkügelchen in den einzelnen Größenklassen in %	
	der Kontrollmilch	der schlecht aufrahmenden Milch
0—3 μ	72,61	64,27
3—6 μ	26,67	33,72
Größer als 6 μ	0,72	2,01

Dies ist wiederum ein Beweis dafür, daß die Größe der Fettkügelchen nicht von entscheidendem Einfluß auf die Aufrahmung ist.

Wie bei der ersten Probe anormal aufrahmender Milch wurde auch diesmal Rahm und Magermilch getrennt und mit denen der Kontrollprobe ausgetauscht. Der Rahm verließ mit einem Fettgehalt von 32% die Zentrifuge. Hierbei brachte uns die Aufrahmung bei 4° folgende Werte:

Tabelle 9. *Austausch von Magermilch und Rahm.*
(Nicht aufrahmende Milch A und Kontrollmilch B.)

	Aufrahmung in ccm nach		
	2 Std.	4 Std.	18 Std.
Rahm A + Magermilch B	27	29	28
„ B + „ A	—	7	12

Der Austausch zeigt auch hier, daß die Aufrahmungskraft in der Hauptsache von dem Milchplasma abhängt.

Weiterhin haben wir bei 20° die Oberflächenspannung der beiden Magermilchen und bei 40° die Grenzflächenspannung Magermilch—Butterfett bestimmt: Magermilch der nicht aufrahmenden Milch gegen Butterfett der nicht aufrahmenden Milch; Magermilch der nicht aufrahmenden Milch gegen Butterfett der Kontrollmilch; Magermilch der Kontrolle gegen Butterfett der Kontrollmilch und Magermilch der Kontrolle gegen Butterfett der nicht aufrahmenden Milch. Diese wurden nach der Abreißmethode — siehe *Mohr* und *Brockmann*[18] gemessen. Tab. 10 und 11 zeigen die Ergebnisse.

Tabelle 10. *Oberflächenspannung der Magermilch.*
Temperatur 20°.

	dyn/cm
Nicht aufrahmende Milch	49,1
Kontrollprobe	47,2

Tabelle 11. *Grenzflächenspannung Magermilch—Butterfett.*
Temperatur 40°.

	dyn/cm
Magermilch nicht aufrahmender Milch gegen Butterfett nicht aufrahmender Milch	18,0
Magermilch nicht aufrahmender Milch gegen Butterfett Kontrollmilch	16,7
„ Kontrolle gegen Butterfett nicht aufrahmender Milch	11,1
„ „ „ „ Kontrollmilch	10,7

Allerdings lassen die Messungen keine unbedingt eindeutigen Schlüsse zu, da die Grenzflächenspannung Magermilch—Butterfett bei der Aufrahmungstemperatur entscheidend ist. Bei dieser Temperatur lassen sich die Messungen mit den bisherigen Methoden nicht durchführen, weil das Fett zum Teil fest und zum Teil flüssig ist. Die Erniedrigung der Oberflächenspannung besagt noch keinesfalls, daß dadurch die Grenzflächenspannung Magermilch—Butterfett erniedrigt sein muß. Niedrigere Grenzflächenspannungen Magermilch—Butterfett bei 4° lassen keinen Schluß zu, ob die entsprechenden Grenzflächenspannungen bei 10° oder 20° ebenfalls niedriger als in der Vergleichsprobe sind. Andererseits rahmt bereits bei 40° normale Milch (siehe Mitteilung I) innerhalb der genannten Zeit nicht mehr auf, so daß direkte Vergleichsmöglichkeiten fehlen.

*Chemische Analyse**.

Es war ferner von Interesse festzustellen, ob beim Vergleich der anormal aufrahmenden mit der normal aufrahmenden Milch Zusammenhänge zwischen der Zusammensetzung der Milch und ihrer Aufrahmfähigkeit bestehen. Von beiden Milchen wurde deshalb eine Vollanalyse ausgeführt (s. Tab. 12).

Die Analysen unterschieden sich bis auf den Chlorgehalt nur unwesentlich voneinander. Es ist deshalb nur die Analyse der schlecht aufrahmenden Milch angeführt. Ein anormal hoher Chlorgehalt wurde ja auch bei der zuerst untersuchten Probe schlecht aufrahmender Milch gefunden. Gleichzeitig konnte dort gezeigt werden, daß ein Zusatz von Chlornatrium die Aufrahmung verschlechtern kann.

Orla Jensen[8] hat nachgewiesen, daß bei normaler Milch eine Verdünnung der Milch mit Wasser im Verhältnis 6:4 bis 5:5 die Aufrahmung, wenn sie auf unverdünnte Milch bezogen wird, verbessert. Er führt diese Verbesserung der Aufrahmung auf die Verringerung der Salzkonzentration zurück.

---

* Auch diese Analyse wurde, abgesehen von der Lecithinbestimmung, vom Chemischen Institut der Preußischen Versuchs- und Forschungsanstalt in Kiel ausgeführt. Den Lecithingehalt habe ich unter Anleitung von Herrn Dr. *Brockmann* nach der Methode von *Brodrick-Pittard* (Biochem. Z. **1914**, Nr 67, 382) festgestellt.

Tabelle 12. *Chemische Analyse der schlecht aufrahmenden Milch.*

Spezifisches Gewicht	1,0308
Säuregrad S.H.	6,9
Refraktion	36,4
Gefrierpunktserniedrigung	57
Trockensubstanz	11,1%
Fettgehalt	2,9%
Zucker	4,09%
Gesamteiweiß	3,06%
Kasein	2,3%
Albumin	0,6%
Globulin	0,1%
Lecithin	0,0306%
Chlor	0,136%
Asche löslich	0,35%
Asche unlöslich	0,42%
Asche:	
P_2O_5	23,6%
CaO	22,0%
K_2O	0,1697%

Um zu entscheiden, ob bei der normalen nicht aufrahmenden Milch die Schädigung der Aufrahmung lediglich auf den erhöhten Chlorgehalt zurückzuführen war, sind von uns folgende Versuche ausgeführt worden. Die nicht aufrahmende Milch, sowie 4 Proben normaler Mischmilch mit je einem Chlorgehalt von 0,139%, 0,125%, 0,100% und 0,092% wurden 5 Minuten auf 50° erhitzt, dann mit wechselnden Mengen destilliertem Wasser versetzt und bei 3° zur Aufrahmung gebracht (s. Tab. 13).

Während die normal aufrahmenden Mischmilchen die Orla-Jensenschen Beobachtungen bestätigten, gelang es bei der anormalen Milch erst nach 22 Stunden eine sichtbare Rahmschicht zu gewinnen. Das Optimum der Aufrahmung bei der verdünnten anormalen Milch liegt ebenfalls wie bei der normalen bei 6:4 bis 5:5. Die Aufrahmungsgeschwindigkeit ist dagegen auch in diesem Falle wesentlich verzögert, die sichtbare Rahmschicht verhältnismäßig gering. Beim Vergleich des Einflusses der Verdünnung der normalen und anormalen Milch mit Wasser zeigt sich, daß in dem erhöhten Chlor- oder Kochsalzgehalt in der vorliegenden Probe nicht allein der Grund für die stark verzögerte Aufrahmungsgeschwindigkeit zu suchen ist. Bei großen Wasserzusätzen zu Rahm (Einstellen von Rahm mit Wasser auf den Fettgehalt der Vollmilch) tritt im übrigen bei der normalen Milch ebenso wie bei normalem Rahm keine Aufrahmung mehr ein.

Die Aufrahmung der schlecht aufrahmenden Milch in Labmolke.

Süße Magermilch der nicht aufrahmenden Milch, sowie der Kontrolle wurden ausgelabt und die Molke abfiltriert. Zu den süßen Mol-

Tabelle 13.
Einfluß der Verdünnung der Milch mit destilliertem Wasser auf die Aufrahmung.

Verdünnungs- verhältnis Milch: Wasser	Rahmvolumen in ccm auf 250 ccm Flüssigkeit nach 2 Std.	Rahmvolumen in ccm nach 2 Std. auf 250 ccm Milch umgerechnet	Rahmvolumen in ccm auf 250 ccm Flüssigkeit nach 22 Std.	Rahmvolumen in ccm nach 22 Std. auf 250 ccm Milch umgerechnet
I. Nicht aufrahmende Milch: Chlorgehalt 0,136%, Fettgehalt 2,9%.				
10:0	—	—	—	—
7:3	—	—	18,0	25,7
6:4	—	—	16,5	27,7
5,5:4,5	—	—	15,0	27,2
5:5	—	—	12,5	25,0
4:6	—	—	10,0	25,0
3:7	—	—	8,7	21,5
II. Normal aufrahmende Mischmilch: Chlorgehalt 0,139%, Fettgehalt 3,1%.				
10:0	45	—	36	—
7:3	42	60,0	30	42,7
6:4	37	61,6	26	43,3
5,5:4,5	36	65,4	23	41,7
5:5	35	70,0	21	42,0
4:6	29	72,5	19	42,5
3:7	23	76,8	15	50,0
III. Normal aufrahmende Mischmilch: Chlorgehalt 0,125%, Fettgehalt 3,8%.				
10:0	50	—	43	—
7:3	43	61,4	32	45,7
6:4	41	68,4	29	48,3
5,5:4,5	38	69,2	26	47,3
5:5	37	74,0	25	50,0
4:6	32	80,0	21	52,5
3:7	25	83,4	16	53,3
IV. Normal aufrahmende Mischmilch: Chlorgehalt 0,100%, Fettgehalt 3,4%.				
10:0	45	—	32	—
7:3	40	57,1	26	37,2
6:4	35	58,4	21	35,0
5,5:4,5	34	61,8	20	36,4
5:5	31	62,0	19	38,1
4:6	26	65,0	16	40,0
3:7	18	60,0	11	36,7
V. Normal aufrahmende Mischmilch: Chlorgehalt 0,092%, Fettgehalt 3,2%.				
10:0	46	—	36	—
7:3	35	50,0	27	38,6
6:4	34	56,7	26	43,3
5,5:4,5	32	58,2	23	41,8
5:5	30	60,0	20	40,0
4:6	24	60,0	17	42,5
3:7	16	53,3	14	46,7

ken mit einem Säuregrad von 5,2 S.H. und 6,66 p_H wurde Rahm der beiden Milchen gegeben und auf einen Fettgehalt von 3% eingestellt. Zylinder *A* enthält Labmolke und Rahm aus der schlecht aufrahmenden Milch, Zylinder *B* Labmolke aus der schlecht aufrahmenden Milch + Rahm aus der Kontrollmilch, Zylinder *C* Labmolke aus der Kontrollmilch + Rahm aus der schlecht aufrahmenden Milch, *D* Labmolke und Rahm aus der Kontrollmilch (s. Abb. 5).

Wie das Bild zeigt, war die Aufrahmung verschieden, und zwar rahmten die Proben *A* und *B* mit Molke der nicht aufrahmenden Milch gut auf, während die Proben *C* und *D* mit der Molke der normalen Kontrollmilch erst, wie auch sonst stets zu beobachten, eine geringe Rahmschicht hatten. Die genaue chemische Analyse der beiden Molken, die das Chemische Institut der Preußischen Versuchs- und Forschungsanstalt vorzunehmen übernommen hatte, ist leider verunglückt. Bedauerlicherweise war mir selbst eine nachträgliche Prüfung unmöglich, da die Kuh inzwischen trocken stand und wegen Nichtträchtigkeit verkauft wurde.

Abb. 5. Aufrahmung in Labmolke.

Die mikroskopischen Bilder der Fettverteilung in der Labmolke ließen jetzt in den Proben (*A* und *B*) mit der Labmolke der sonst schlecht aufrahmenden Milch Fetthaufen erkennen, während die nicht aufrahmenden Proben aus Molke der sonst gut aufrahmenden Milch diesmal eine ausgesprochene Einzellage aufwiesen. Da diese mikroskopischen Bilder ähnlich denen auf S. 25 sind, wurde auf deren Wiedergabe hier verzichtet*.

Tabelle 14. *Oberflächen- und Grenzflächenspannung der Molke.*

	Vergleichsprobe dyn/cm	Schlecht aufrahmende Milch dyn/cm
Molke	41,7	45,0
Molke gegen Butterfett der Versuchsprobe . . .	23,4	26,5
Molke gegen Butterfett der Kontrolle	19,0	24,5

* Die Originale werden im Physikalischen Institut der Preußischen Versuchs- und Forschungsanstalt aufbewahrt.

Die Oberflächenspannung der Molke und die Grenzflächenspannung der Molke gegen Butterfett (die nach der auf S. 26/27 angegebenen Methode gemessen wurde) sind bei der Molke der schlecht aufrahmenden Milch höher als bei der Molke der Vergleichsprobe. Bei dieser zeigt sich eine höhere Anreicherung von capillaraktiven Stoffen. Wir kommen auf diese Erscheinung später noch zurück.

Wenn diese Befunde im Gegensatz zu dem experimentell gefundenen Aufrahmungsvermögen der Molkenprobe der schlecht aufrahmenden und der gut aufrahmenden Milch zu stehen scheint, so kann hier nur nochmals auf die Ausführung S. 27 verwiesen werden. Die Bedingungen bei der Messung der Grenzflächenspannung Magermilch—Butterfett und Oberflächenspannung lassen keinen exakten Rückschluß zu, da sie nicht bei der für die Aufrahmung in Frage kommenden Temperatur gemessen werden können. Rückschlüsse von der Oberflächenspannung der Molke auf die Grenzflächenspannung Magermilch—Butterfett sind ebenfalls nicht ohne weiteres zu ziehen.

Schaumfähigkeit der Magermilch von schlecht aufrahmender Milch im Vergleich zu normal aufrahmender Milch.

Wir hegten die Vermutung, daß ein Zusammenhang zwischen der Schaumfähigkeit und der Aufrahmung der Milch besteht.

Heckma und *Brouwer*[9] fanden nach Ausschleudern der Milchprobe in Trommsdorff-Röhrchen in den hierfür üblichen Zentrifugen im Bodensatz gut schäumender Milchen bei mikroskopischer Beobachtung Gebilde, die als Hüllen der Schaumbläschen, als Schaumhäutchen, gedeutet wurden. Diese Schaumhäutchen beeinflussen die Trommsdorff-Probe, sie täuschen ein zu hohes Sediment vor. Durch Zusatz von Natriumcitrat sind sie in Lösung zu bringen. Der Unterschied zwischen den Proben mit und ohne Natriumcitrat kann als Grad der Menge gelten. Von der schlecht aufrahmenden Milch und einer normalen gut aufrahmenden Vergleichsmilch wurden einmal 5 ccm Milch und 5 ccm Wasser, ein anderes Mal 5 ccm Milch und 5 ccm einer 4,2 proz. Natriumcitratlösung (spez. Gewicht 1,024) in Trommsdorff-Röhrchen gefüllt und 15 Minuten bei 3000 Umdrehungen pro Minute geschleudert.

Tab. 15 zeigt die Ergebnisse.

Tabelle 15. *Trommsdorff-Sediment.*
(Sediment: ccm · 10^{-3}.)

	mit	ohne	Differenz
	Natriumcitrat		
Nicht aufrahmende Milch . . .	0,2	0,2	—
Vergleichsmilch	0,3	0,4	0,1

Bei der gut aufrahmenden Milch zeigt der Unterschied in den Proben mit und ohne Citrat ein Vorhandensein von Schaumhäutchen. Es wurde weiter die Schaumfähigkeit der Proben nach der von *Mohr* und *Brockmann*[18] beschriebenen Methode durch Messung an der Magermilch beim Verlassen der Zentrifuge festgestellt. Die Milch wurde gleichzeitig an dem Auslauf der Zentrifuge in einem 500-ccm-Meßzylinder aufgefangen und hierbei die Schaummenge, Festigkeit und Beständigkeit bestimmt.

Tabelle 16. *Schaumfähigkeit*.

	Vergleichsmilch	Schlecht aufrahmende Milch
Festigkeit nach 5 Min. (Falldauer eines Stempels von 13,1 g um 1 cm)	255″	31,1″
Schaumhöhe in Kubikzentimeter beim Absetzen	190	130
Nach 10 Min.	160	115
„ 20 „	150	100
„ 30 „	150	75
„ 45 „	144	65
„ 60 „	135	43
Zerfall nach	7,5 Stunden	3 Stunden

Schaummenge, Festigkeit und Beständigkeit sind bei der Vergleichsmilch erheblich höher. Dies konnte bei mehreren Wiederholungen festgestellt werden.

Auch früher konnte im Physikalischen Institut bei der Untersuchung von Milch aus verschiedenen Fütterungsversuchen beobachtet werden, daß eine schlechte Aufrahmung mit einer geringen Schaumfähigkeit parallel geht[19].

Zusammenfassend kann über die bisherigen Untersuchungen an schlecht aufrahmenden Milchen gesagt werden, daß die Größe der Fettkügelchen nicht für die Aufrahmungsgeschwindigkeit bestimmend ist, andererseits der Zustand der Magermilch entscheidend für die Fetthäufchenbildung ist.

Eine Messung der Grenzflächenspannung Magermilch—Butterfett zeigte, daß diese bei der schlecht aufrahmenden Milch wesentlich höher ist als bei der normalen Vergleichsprobe.

Die chemische Analyse, die sich auf den Gehalt an Trockensubstanz, Eiweiß, Lecithin, Chlor und Asche erstreckte, ergab, daß die Zusammensetzung — abgesehen vom Chlorgehalt — nur unwesentlich von der der Vergleichsmilch abweicht. Es konnte aber auch nachgewiesen werden, daß der Chlorgehalt nicht allein bestimmend für die Aufrahmungsgeschwindigkeit ist.

Bei der Aufrahmung in süßer Labmolke einer sonst nicht aufrahmenden Milch zeigte sich im Gegensatz zu der bei aus normaler Milch stammenden Molke auftretenden Schädigung der Aufrahmungsgeschwindigkeit eine verhältnismäßig schnelle Rahmbildung.

Weiter konnte eine Parallelität zwischen der Schaumfähigkeit und der Aufrahmungskraft der Milchen festgestellt werden, und zwar hatte die schlecht aufrahmende Milch immer wenig und unbeständigen Schaum, der sehr schnell zerfiel.

III.
Aufrahmung und Grenzflächenverfestigung.

Bei dem Vergleich der Aufrahmung von nicht aufrahmender Milch mit normal aufrahmender Milch (siehe Mitteilung II) war eine Parallelität zwischen dem Schäumen der Magermilch und der Aufrahmung festzustellen.

Mohr und *Brockmann*[19] konnten zeigen, daß eine Milch im allgemeinen um so beständigeren Schaum gibt, je größer ihre Neigung zur Oberflächenverfestigung ist. Es wurde bei beiden Milchproben (nicht aufrahmend und normal aufrahmend) die Zunahme der Oberflächenverfestigung festgestellt. Gemessen wurde die Oberflächenverfestigung der Magermilch mit dem Apparat von *Metcalf**. Es wird dabei die Dämpfung einer in der Flüssigkeitsoberfläche schwingenden Scheibe gemessen (Näheres hierüber bei *Mohr* und *Eichstädt*[20]). Als Maß für die Dämpfung gilt das logarithmische Dekrement, d. h. der Logarithmus des Quotienten zweier aufeinanderfolgender Amplituden. Es wird um so größer sein, je mehr die Scheibe gebremst wird. Wir haben einmal sofort nach dem Eingießen der Milch in den

Tabelle 1. *Oberflächenverfestigung der Magermilch.*
(Die Zahlen stellen Mittelwerte bei 20° dar.)

	Vergleichsprobe (0,04 % Fett)	Nicht aufrahmende Milch (0,06 % Fett)
An der Oberfläche	0,0623	0,0606
Nach 20 Minuten	0,0979	0,0638
„ 40 „	0,1461	0,0934
Im Innern	0,1282	0,1138

* Es sei dabei bemerkt, daß die Messungen mit dem Metcalf-Apparat (die schwingende Scheibe in der Grenzfläche) eine verhältnismäßig rohe Methode ist, konkrete Schlüsse sich nicht ziehen lassen, sondern höchstens Vergleiche über die Schnelligkeit und Stärke der Bildung von Grenzflächenhäutchen zulassen.

Apparat und weiterhin nach 20 und 40 Minuten gemessen, dann noch das logarithmische Dekrement im Innern der Milch. Die Ergebnisse zeigt Tab. 1.

Die Zunahme der Verfestigung war bei der schlecht aufrahmenden Milch erheblich geringer als bei der Vergleichsprobe. Für die Vorgänge bei der Aufrahmung, insbesondere das Aneinanderhaften der Fettkügelchen, spielt nun nicht die Grenzfläche Milch—Luft, sondern die Grenzfläche Milchplasma—Fett eine Rolle.

Um festzustellen, ob an diesen Grenzflächen eine Häutchenbildung eintritt, wurde von beiden Milchen auch die Grenzflächenverfestigung an der Grenzfläche Milch—Fett bestimmt. Zunächst wurde das logarithmische Dekrement an der Oberfläche und im Innern der Magermilch ermittelt. Dann wurde die Magermilch vorsichtig mit flüssigem Butterfett überschichtet, die Scheibe in die Grenzfläche gebracht und die Grenzflächenverfestigung gemessen. Diese Grenzflächenverfestigungsmessungen wurden bei 40°, und zwar in einem Raum, der auf diese Temperatur eingestellt war, ausgeführt.

Tabelle 2. *Grenzflächenverfestigung Magermilch—Butterfett.*
(Die Zahlen der Tabelle stellen Mittelwerte dar.)

	Vergleichsmilch	Nicht aufrahmende Milch
Magermilch an der Oberfläche . . .	0,0635	0,0478
„ im Innern	0,0958	0,0878
Grenzfl. Magermilch—Butterfett . . .	0,2462	0,2025

Die Grenzflächenverfestigung ist bei der Vergleichsprobe ganz erheblich geringer als bei der gut aufrahmenden Milch. Bei letzterer hat also eine beträchtliche Verfestigung an der Grenzfläche Milch—Fett stattgefunden. Die gleiche Verfestigung wird man auch an der Oberfläche der Fettkügelchen annehmen können, da man es hier auch mit einer Grenzfläche Milch—Fett zu tun hat.

Auffälligerweise war bei den Versuchen Seite 30 gefunden worden, daß die von der schlecht aufrahmenden Milch gewonnene, mit Rahm auf den Fettgehalt von Vollmilch eingestellte Molke aufrahmte, während umgekehrt Molke von normal aufrahmender Milch, die mit Rahm auf den Fettgehalt der Vollmilch eingestellt war, keine Rahmschicht aufwies. Grenzflächenspannungsmessungen bei 40° und Oberflächenspannungsmessungen bei 20° hatten ergeben, daß die Oberflächenspannung und die Grenzflächenspannung Molke gegen Butterfett bei der Molke aus nicht aufrahmender Milch höher war als bei normaler entsprechender Vergleichsprobe.

Wie Messungen der Grenzflächenverfestigungen ergaben, war Häutchenbildung aufgetreten und deshalb eine richtige Anwendung der Grenzflächenspannungsmessungen nicht mehr gewährleistet.

Die Messungen der Grenzflächenverfestigung bei diesen beiden Proben ergaben folgende in Tab. 3 aufgezeichneten Werte.

Tabelle 3. *Grenzflächenverfestigung der Labmolke.*
(Die Zahlen geben Mittelwerte an, bei 40° gemessen.)

	Vergleichsmilch	Nicht aufrahmende Milch
Molke an der Oberfläche	0,0453	0,0445
Molke im Innern	0,0844	0,0797
Grenzfläche Molke—Butterfett der nicht aufrahmenden Milch	0,2220	0,2475
Grenzfläche Molke—Butterfett der Vergleichsprobe	0,2248	0,2324

Es zeigt sich wieder ein Parallelgehen zwischen großer Grenzflächenverfestigung und schneller Aufrahmung. In der Labmolke der schlecht aufrahmenden Milch zeigte sich eine gute Aufrahmung.

In weiteren Versuchen wurde in einigen Fällen untersucht, ob auch bei den bereits beschriebenen Schädigungen (siehe I. Mitteilung) der Aufrahmungsgeschwindigkeiten eine Schädigung der Verfestigung der Grenzfläche Magermilch—Butterfett bzw. ein Parallelgehen zwischen Aufrahmungsgeschwindigkeiten und Grenzflächenverfestigung vorhanden ist.

Einfluß des Chlornatriumzusatzes auf die Grenzflächenverfestigung der Magermilch.

Die Verschlechterung der Aufrahmung durch den Chlornatriumzusatz legte die Vermutung nahe, daß dieser Zusatz nicht ohne Einfluß auf die Grenzflächenverfestigung ist. Zur Klärung dieser Frage wurde folgender Versuch angestellt. Wir erhöhten den Gehalt an Chlorionen in einer Magermilch durch Zusatz von 0,6% Natriumchlorid und bestimmten die Grenzflächenverfestigung Magermilch—Butterfett. Zum Vergleich wurde die Grenzflächenverfestigung der gleichen Magermilch ohne Chlornatriumzusatz bestimmt.

Tabelle 4.
Einfluß der Verdünnung der Magermilch auf die Grenzflächenverfestigung.

	Magermilch ohne Zusatz	Magermilch + 0,6% Natriumchlorid
Magermilch Oberfläche	0,0629	0,0578
„ Inneres	0,0844	0,0880
Grenzfläche Magermilch—Butterfett	0,2462	0,2147

Durch den Chlornatriumzusatz wird die Grenzflächenverfestigung erheblich erniedrigt. Bei der Verdünnung der Milch 5:5 bzw. 6:4 war eine Verbesserung der Aufrahmung, bezogen auf unverdünnte Milch, festzustellen. Die Erniedrigung der Oberflächenverfestigung durch die Verdünnung ist aus nachfolgender Tabelle ersichtlich:

Tabelle 5.
Einfluß der Verdünnung der Magermilch auf die Grenzflächenverfestigung.
(Die Werte geben Mittelwerte an, bei 40° gemessen.)

Magermilch an der Oberfläche	0,0543
„ im Innern	0,0952
Grenzfläche Magermilch—Butterfett	0,2647
Verdünnte Magermilch an der Oberfläche	0,0468
„ „ im Innern	0,0835
Grenzfläche Magermilch—Butterfett	0,2544

Die Grenzflächenverfestigung ist nach der Verdünnung geringer geworden. Trotzdem verbessert die Verdünnung die Aufrahmung. Dabei ist allerdings zu bedenken, daß die Hydratationsverhältnisse eine Änderung erfahren konnten und daß weiter durch die starke Verdünnung sich die p_H-Zahlen der Milch schon beträchtlich verschoben haben, denn im vorliegenden Fall hatte die Vollmilch eine p_H-Zahl von 6,7, die mit Wasser im Verhältnis 5:5 verdünnte Vollmilch eine p_H-Zahl von 6,83.

Einfluß der Homogenisierung auf die Oberflächenverfestigung.

Zum Schluß dieser Untersuchungen wurden noch Versuche angestellt, wie die Grenzflächenverfestigung Grenzfläche Magermilch—Luft bei 20% durch das Homogenisieren beeinflußt wird. In diesem Fall ist auch der zeitliche Verlauf der Steigerung der Grenzflächenverfestigung angegeben.

Tabelle 6.
Erniedrigung der Grenzflächenverfestigung einer Magermilch durch Homogenisierung.
(Die Zahlen geben Mittelwerte an, bei 20° gemessen.)

Magermilch	Sofort	Nach 15 Min.	Nach 30 Min.	Nach Umrühren	Im Innern gemessen
Roh	0,07004	0,10725	0,14997	0,06819	0,11394
Homog. . .	0,06663	0,07918	0,08991	0,06446	0,10721

Die Grenzflächenverfestigung ist bei der homogenisierten Magermilch erheblich kleiner als bei der unbehandelten Magermilch. Auch nach längerem Altern beider Milchproben blieb die Grenzflächenverfestigung bei homogenisierter Magermilch geringer als bei der entsprechenden unbehandelten Milch, ebenso war ein Erhitzen 5 Minuten auf 50° vor und nach dem Altern ohne Einfluß.

Zusammenfassend kann aus diesem Abschnitt der Untersuchungen geschlossen werden, daß Magermilch sehr zur Häutchenbildung und Oberflächenverfestigung neigt. Da die Messungen der Grenzflächenverfestigung an der Grenzfläche Magermilch—Butterfett bei 20° des physikalischen Zustandes des Fettes wegen nicht möglich waren, mußten diese bei 40° vorgenommen werden. Es ergab sich eine weitgehende Parallelität zwischen schneller Aufrahmung und großer Grenzflächenverfestigung.

IV.
Anreicherung von capillaraktiven natürlichen Milchbestandteilen in Milch zur Verbesserung der Aufrahmung.

Die im vorigen Abschnitt festgestellte Parallelität zwischen Aufrahmung und Grenzflächenverfestigung veranlaßte uns, zu versuchen, ob es nicht möglich sei, durch eine Anreicherung der von Natur aus in der Milch vorhandenen capillaraktiven Stoffe eine Besserung der Aufrahmung zu erreichen. Eine solche Besserung der Aufrahmung durch Hinzufügung von Eiweißstoffen ist, wie in der Einleitung erwähnt, schon *Rahn*[3] durch Zusatz von Gelatine gelungen.

Wir setzten zu einer nicht aufrahmenden Milch (Probe II) 1% einer 5proz. Globulinlösung und erzielten nach 2 Stunden eine Rahmschicht von 33 ccm.

Eine natürliche Anreicherung von Eiweißstoffen, besonders von Globulin, findet sich im Kolostrum. Die eigene Aufrahmung der Kolostrummilch (am 1. Tage) ist schlecht, was sicherlich auf ihre anormale chemische und physikalische Beschaffenheit zurückzuführen ist.

Ein Zusatz von 1% Kolostrummilch besserte die Aufrahmung einer gut aufrahmenden Milch um 12%. Eine nicht aufrahmende Milch wies nach diesem Zusatz in 4 Stunden eine Rahmschicht von 33 ccm auf. Je mehr mit fortschreitender Lactation der Eiweißgehalt des Kolostrums sinkt, desto größere Zusätze sind zur Erzielung der gleichen Aufrahmung nötig. 24 Stunden nach der Geburt waren 5% erforderlich, nach 48 Stunden 10%.

Eine Anreicherung von capillaraktiven Eiweißstoffen findet sich auch in der Schaummilch, d. h. in einer Milch, die aus zergangenem Schaum besteht. Die Anreicherung von capillaraktiven Stoffen in der Schaummilch ist dadurch zu erklären, daß sich die Stoffe in der beim Schäumen stark vergrößerten Oberfläche anreichern. Beim Zergehen des Schaumes bleiben sie in der gewonnenen Schaummilch. Zur Gewinnung der Schaummilch wurde gut schäumende Milch durch die

Tabelle 1. *Aufrahmung einer Schaummilch.*

	Fett %	Oberflächenspannung dyn/cm	Trommsdorfiprobe mit Na-Citrat	Trommsdorfiprobe ohne	Trommsdorfiprobe Differenz	Aufrahmung bei 4° A. Nur auf 4° gekühlt ccm nach 2 St.	4 St.	18 St.	Fett %	Aufrahmungsgrad	Aufrahmung bei 4° B. 5 Min. auf 50° erhitzt und auf 4° gekühlt ccm nach 2 St.	4 St.	18 St.	Fett %	Aufrahmungsgrad
1. Vollmilch unbehandelt	3,2	45,4	0,3	0,5	0,2	42	42	41	17,5	89	42	43	41	17,5	89
2. Vollmilch aus Magermilch und Rahm eingestellt	3,1	45,6	0,2	0,3	0,1	35	39	40	15,0	75	38	39	40	15,5	80
3. Schaummilch	5,0	39,2	0,1	0,7	0,6	75?	64	62	18,0	89	70	66	63	18,0	90
4. Nach Abtrennung des Schaumes zurückgebliebene Vollmilch	3,2	45,2	0,1	0,2	0,1	37	38	40	15,0	75	39	40	41	15,5	79
5. Schaummilch mit Magermilch eingestellt	3,2	38,9	0,1	0,4	0,3	47	49	51	12,5	80	51	53	51	13,0	83
6. Vollmilch aus Magermilch und Rahm eingestellt	5,1	42,8	0,2	0,3	0,1	55?	57	58	17,5	70	59	57	54	19,0	80

Reinigungszentrifuge geschickt. Der Schaum wurde abgeschöpft; er war nach 2 Stunden zergangen. Die Aufrahmung dieser Schaummilch wurde mit der rohen Milch und der nach Abtrennung des Schaumes zurückgebliebenen Milch verglichen. Da eine Beeinflussung der Aufrahmung durch die Zentrifuge nicht ausgeschlossen war, wurde einmal unbehandelte Vollmilch zur Aufrahmung gebracht, das andere Mal wurde diese Vollmilch bei 40—45° entrahmt, und aus Rahm und Magermilch wurde wieder Vollmilch mit dem ursprünglichen Fettgehalt hergestellt. Nun enthielt die ursprüngliche Vollmilch 3,2% Fett, die Schaummilch 5% Fett. Um den Einfluß des Fettgehaltes auszuschließen, wurde eine weitere Probe Schaummilch mit Magermilch auf 3,2% Fett eingestellt. Ferner wurde aus Rahm und Magermilch eine Vollmilch mit 5,1% Fett dargestellt. Die Aufrahmungsergebnisse zeigt Tab. 1. Vor der Aufrahmung wurde die Milch einmal nur auf 4° gekühlt, ein anderes Mal vor der Kühlung erst 5 Minuten auf 50° erwärmt. Wir bestimmten das Trommsdorff-Sediment mit und ohne Citrat sowie die Oberflächenspannung (siehe Tab. 1).

Ein Vergleich der Proben 1 und 2 zeigt, daß durch Zentrifugieren eine Schädigung der Aufrahmung herbeigeführt wird. Die beste Aufrahmung findet sich bei Schaummilch. Sie zeigt die größte Rahmschicht, ebenso einen sehr hohen Aufrahmungsgrad. Hierbei ist noch zu berücksichtigen, daß Milch mit höherem Fettgehalt sonst einen niedrigeren Aufrahmungsgrad hat, worauf bereits früher hingewiesen wurde (s. Mitteilung I). Deutlich zeigt dies auch der Vergleich mit Probe 6. Auch die mit Magermilch eingestellte Schaummilch zeigt eine erhebliche Aufrahmung. Es geht also auch hier die Aufrahmung mit der Anreicherung von capillaraktiven Stoffen parallel. Die starke Anreicherung von capillaraktiven Stoffen in der Schaummilch ist auch in der Erniedrigung der Oberflächenspannung zu ersehen. Wie bei früheren Untersuchungen wurde auch hier bei den Trommsdorff-Proben der größte Unterschied zwischen den Proben mit und ohne Citrat bei den am besten aufrahmenden Milchen gefunden.

Eine erhebliche Anreicherung von capillaraktiven Stoffen an der Oberfläche findet sich auch in der Buttermilch aus süßem Rahm, wie *Mohr* und *Brockmann*[21] gezeigt haben. Es war also anzunehmen, daß auch durch Zusatz von süßer Buttermilch eine Besserung der Aufrahmung zu erreichen ist.

Zur Herstellung der Buttermilch wurde süßer Rahm 2 Stunden bei 3° gekühlt und dann bei 10° gebuttert. Diese Temperaturen wurden gewählt, um eine Buttermilch mit möglichst geringem Fettgehalt zu gewinnen. Nach einer Butterungsdauer von 40 Minuten verblieb eine Buttermilch mit 0,95% Fett. Diese wurde mit demselben Rahm, aus dem sie gewonnen war, eingestellt (1). Gleichzeitig wurden eine Vergleichsprobe aus Rahm und Magermilch (4) und andererseits Proben aus Rahm, Buttermilch und Magermilch mit verschiedenen Anteilen der Buttermilch an der Gesamtflüssigkeit (2 und 3) hergestellt. Die Aufrahmungsproben wurden auf 3% Fett eingestellt. Da bekanntlich längere Kühlung eine Schädigung der Aufrahmung herbeiführt, wurden die Proben zunächst 5 Minuten auf 50° erhitzt und nach Kühlung auf 3° im Kühlraum zur Aufrahmung gebracht.

Tabelle 2. *Aufrahmung in süßer Buttermilch.*

	Prozentualer Anteil der Buttermilch an der Gesamtflüssigkeit	ccm nach			Oberflächenspannung in dyn/cm
		2 Std.	3 Std.	18 Std.	
1. Rahm + Buttermilch	89%	41	37	35	40,3
2. ,, + ,, + Magermilch	77%	32	33	33	41,5
3. Rahm + Buttermilch + Magermilch	17%	25	27	30	46,0
4. Rahm + Magermilch	—	24	25	28	46,7

Je größer die zugesetzte Buttermilchmenge ist, desto besser ist die Aufrahmung. Auch hier geht also die Besserung der Aufrahmung mit der Anreicherung der capillaraktiven Stoffe parallel. Diese Anreicherung zeigt auch die mit steigender Buttermilchmenge fallende Oberflächenspannung.

Zusammenfassung.

Es konnte festgestellt werden, daß durch eine Anreicherung von capillaraktiven natürlichen Milchbestandteilen in Milch z. B. durch einen Zusatz von 1% einer 5proz. Milchglobulinlösung oder einen Zusatz geringer Mengen Kolostrummilch eine wesentliche Besserung der Aufrahmungsgeschwindigkeit einer Milch zu erzielen ist. Den gleichen Erfolg hatten wir bei der Anreicherung capillaraktiver Stoffe in Schaummilch, d. h. in einer Milch, die aus zergangenem Schaum besteht, sowie in süßer Buttermilch.

Schlußzusammenfassung der Mitteilungen I—IV.

In dieser Arbeit wurden die die Aufrahmungsgeschwindigkeit beeinflussenden Faktoren untersucht.

Tiefgekühlte und längere Zeit (über 4 Stunden) gealterte Milch wird in der Aufrahmungsfähigkeit, ganz gleich, ob es sich um pasteurisierte oder rohe Milch handelt, geschädigt. Durch eine Erhitzung von 5 Minuten auf 50° wird diese Schädigung behoben, so daß die Milch wieder die Aufrahmung frisch ermolkener, tiefgekühlter Milch zeigt.

Das Optimum der Erhitzung liegt, wie bereits *Burri* festgestellt hat, bei 60—61°. Höhere Rahmbildung als bei frisch ermolkener, tiefgekühlter Milch kann durch Erhitzen der Milch auf die Optimaltemperatur nicht erreicht werden; es wird dagegen innerhalb der Fehlergrenzen dieselbe Rahmschicht gebildet. Bei vergleichenden Versuchen über Schädigung der Aufrahmung durch irgendwelche Faktoren ist als Standard für die normale Aufrahmung, wenn man nicht ganz sicher ist, daß es sich um frisch ermolkene, tiefgekühlte Milch handelt, deshalb immer die Vergleichsprobe 5 Minuten bei 50—60° zu erhitzen und tiefzukühlen.

Mit zunehmendem Säuregrad sinkt die Höhe der Rahmschicht. Für die molkereimäßige Bearbeitung ist zur Erzielung einer hohen Rahmschicht eine schnelle Tiefkühlung der Milch günstig, Wasserkühlung der Milch und Aufstellen im Kühlraum und damit eine verhältnismäßig langsame Abkühlung der Milch ist ungünstiger.

Gefrieren der Milch schädigt die Aufrahmung etwas; durch darauffolgende Erhitzung für 5 Minuten auf 50—60° wird diese Schädigung behoben.

Über 62° für 30 Minuten erhitzte Milch wird, wie bereits bekannt, in ihrer Aufrahmung stark geschädigt. Die Hitzeschädigung der Aufrahmung ist in erster Linie eine Beeinflussung der Magermilchanteile in der Vollmilch und nicht des Rahms. Pumpen der Milch bei warmen Temperaturen (zwischen 50 und 60°) schädigt die Aufrahmung nicht, kaltes Pumpen bei 6° bei frisch gekühlter Milch nur unwesentlich. Auch diese Schädigung läßt sich durch Erhitzen auf 50—60° rückgängig machen. Pumpen tiefgekühlter und 24 Stunden gealterter Milch schädigt die Aufrahmung nicht selten bis zur Vernichtung; durch nachträgliche Erhitzung bis auf 50—60° kann diese Schädigung nicht wieder beseitigt werden.

Dasselbe wie für Pumpen gilt für starkes Fließen der Milch, z. B. bei großem Gefälle in Rohren und auch für starke Durchwirbelung für nur sehr kurze Zeit, z. B. bei engen Ausflußöffnungen bei verhältnismäßig großer Stundenleistung.

Bei der Trennung von Vollmilch in Rahm und Magermilch und der Homogenisierung des Rahms bildet die aus den beiden Komponenten wieder eingestellte Vollmilch eine erheblich größere Rahmschicht gegenüber der unbehandelten Kontrollprobe. Hierfür liegt das Optimum des Druckes bei 180—200 atü. Das Optimum der Temperatur bei der Homogenisierung liegt bei 60° für pasteurisierte Milch und bei 70° für nicht erhitzten Rahm. Das Optimum des Fettgehaltes des Rahms für die Homogenisierung ist 20—25%. Eine Homogenisierung der Vollmilch oder Magermilch vernichtet das für die Aufrahmung erforderliche Fetthäufchenbildungsvermögen. Die Versuche zeigen, daß die Behandlung der Magermilch in erster Linie für die Fetthäufchenbildung verantwortlich zu machen ist.

Die Untersuchungen an schlecht aufrahmenden Milchen haben gezeigt, daß die Größe der Fettkügelchen nicht für die Aufrahmungsgeschwindigkeit bestimmend ist; andererseits der Zustand der Magermilch entscheidend ist für die Fetthäufchenbildung.

Eine Messung der Grenzflächenspannung Magermilch—Butterfett zeigte, daß diese bei der schlecht aufrahmenden Milch wesentlich höher ist als bei der normalen Vergleichsprobe.

Die chemische Analyse, die sich auf den Gehalt an Trockensubstanz, Eiweiß, Lecithin, Chlor und Asche erstreckte, ergab, daß die Zusammensetzung der schlecht aufrahmenden Milch, abgesehen vom Chlorgehalt, nur unwesentlich von der der Vergleichsmilch abweicht. Es konnte aber auch nachgewiesen werden, daß der Chlorgehalt nicht allein bestimmend für die Aufrahmungsgeschwindigkeit ist.

Bei der Aufrahmung in süßer Labmolke einer sonst nicht aufrahmenden Milch zeigte sich im Gegensatz zu der bei aus normaler Milch stammenden Molke auftretenden Schädigung der Aufrahmungsgeschwindigkeit eine verhältnismäßig schnelle Rahmbildung.

Aus den Untersuchungen über den Zusammenhang zwischen Aufrahmung und Grenzflächenverfestigung muß geschlossen werden, daß Magermilch sehr zur Häutchenbildung und Oberflächenverfestigung neigt. Da die Messungen der Grenzflächenverfestigung an der Grenzfläche Magermilch—Butterfett bei 20° des physikalischen Zustandes des Fettes wegen nicht möglich waren, mußten diese bei 40° vorgenommen werden. Es ergab sich eine weitgehende Parallelität zwischen schneller Aufrahmung und großer Grenzflächenverfestigung.

Weiter konnte festgestellt werden, daß durch eine Anreicherung von capillaraktiven natürlichen Milchbestandteilen in Milch, z. B. durch einen Zusatz von 1% einer 5proz. Milchglobulinlösung oder einen Zusatz geringer Mengen Kolostrummilch, eine wesentliche Besserung der Aufrahmungsgeschwindigkeit einer Milch zu erzielen ist. Den gleichen Erfolg hatten wir bei der Anreicherung capillaraktiver Stoffe in Schaummilch, d. h. in einer Milch, die aus zergangenem Schaum besteht, sowie in süßer Buttermilch.

Literaturverzeichnis für die Abschnitte I—IV.

[1] *Gutzeit*, Beitrag zur Kenntnis der die Aufrahmung beeinflussenden Faktoren. Kühn-Arch. **11**, 63 (1926). — [2] *Schneck* u. *Muth*, Milchwirtsch. Forsch. **7**, 1—29 (1929). — [3] *Rahn* u. *Sharp*, Physik der Milchwirtschaft. **1928**, 35—68. — [4] *van Dam* u. *Sirks*, Onderzoekingen vor de oprooming volgens hes Friesche systeem. Proefzuivelboerderij Hoorn **1924**, 45—56. — [5] *Heckma* u. *Brouwer*, Over melkschuimvliesjes en de aan hume vorming ten grondslag liggende substantie. Proefzuivelboerderij Hoorn **1922**, 25—38. — [6] *Brouwer*, Over het wezen der vetbolletjessagglutinatie. Proefzuivelboerderij Hoorn **1924**, 18—35. — [7] *Heckma*, Is fibrine een physiologisch melkbestanddeel? Proefzuivelboerderij Hoorn **1922**, 1—24. — [8] *Orla-Jensen*, A new investigation concerning the low Temperature pasteurisation of milk and a reaction for controlling the pasteurising temperature. World's Dairy Congress **1928**. — [9] *Heckma* u. *Brouwer*, Over schuimvliesjes in het sediment van volle melke en van centrifugemelk, Verslagen Landbouwkund. Onderz. d. Rijksland bouwproufstation Hoorn **28**, 46 (1923). — [10] *Sirks*, Over den invloed van den aggregaatstoestand van het melkvet op de oprooming volgens het Friesche systeem. Rijksland-bouwproefstation Hoorn **1927**, 5—22. — [11] *Burri*, Über die Beeinflussung des Aufrahmungsvermögens durch eine voraufgegangene Erwärmung der Milch. Milchwirtsch. Zbl. **45**, 33—39 (1916). — [12] *Harding*, Effect of temperature of pasteurisation on the creaming ability of milk. Agricult. Exper. Stat. Illinois Bull. **237** (1921). — [13] *Rahn* u. *Sharp*, Physik der Milchwirtschaft. **1928**, 44. — [14] *Dannhofer*, Zur Aufrahmfähigkeit dauererhitzter Milch. Molkerei-Ztg Hildesheim **42**, Nr 20, 345—347. — [15] *Eichstädt*, Neuere Untersuchungen über homogenisierte Milch. Molkerei-Ztg Hildesheim **41**, 277—280 (1927). — [16] *Doan*, Viscolized milk and its detection. J. Dairy Sci. **10**, 501—512 (1927). — [17] *Burr*, Untersuchung homogenisierter Milchflüssigkeiten. Molkerei-Ztg Hildesheim **1914**, Nr 20 u. 21. — [18] *Mohr* u. *Brockmann*, Oberflächenspannung an Milch. Milchwirtsch. Forsch. **10**, 72—95 (1930). — [19] *Mohr* u. *Brockmann*, Beiträge zum Schaumproblem. Milchwirtsch. Forsch. **11**, 48—61 (1930). — [20] *Mohr* u. *Eichstädt*, Beiträge zum Emulsionsproblem. Milchwirtsch. Forsch. **9**, 387—395 (1930). — [21] *Mohr* u. *Brockmann*, Beiträge zum Butterungsvorgang. Milchwirtsch. Forsch. **10**, 175.

Vorliegende Dissertation ist im Physikalischen Institut der Preußischen Versuchs- und Forschungsanstalt für Milchwirtschaft zu Kiel enstanden. Meinem hochverehrten Lehrer, Herrn Institutsdirektor Professor Dr. W. Mohr, schulde ich für die vielseitigen Anregungen und Ratschläge, sowie für die großzügige Bereitstellung eines Instituts zur Durchführung der Versuche meinen aufrichtigen Dank, den ich auch an dieser Stelle aussprechen möchte.

Lebenslauf.

Ich, Eugen Mertens, wurde geboren am 7. August 1905 als Sohn des Landwirtes Eugen Mertens zu Schiefbahn, Kr. Kempen-Krefeld (Rhld.). Ich bin katholischer Konfession und besuchte von Ostern 1911—1913 die Volksschule meines Heimatortes und dann 5 Jahre die Städtische Oberrealschule zu Krefeld. Seit Ostern 1918 war ich Schüler der Höheren Landwirtschaftsschule zu Kleve, die ich im März 1921 mit dem Zeugnis mittlerer Reife verließ, um mich dann $4^{1}/_{2}$ Jahre im elterlichen Betriebe der praktischen Landwirtschaft zu widmen. Mit dem Wintersemester 1925/26 begann ich an der Landwirtschaftlichen Hochschule Hohenheim (Wttbg.) mein Studium, wechselte nach 4 Semestern die Hochschule und legte im November 1928 an der Universität zu Hamburg das landwirtschaftliche Diplomexamen ab. Mit dem Zeugnis der mittleren Reife war mir ein weiteres Studium nicht möglich; ich bereitete mich deshalb auf die Ersatzreifeprüfung für Diplomlandwirte vor, die ich am 4. November 1929 am Reform-Realgymnasium zu Kiel bestanden habe.

Von Oktober 1929 bis Ende 1930 arbeitete ich in der Preußischen Versuchs- und Forschungsanstalt für Milchwirtschaft zu Kiel an der vorliegenden Promotionsarbeit. Seit 1. Januar 1931 bin ich wissenschaftlicher Hilfsarbeiter in der milchwirtschaftlichen Abteilung der Landwirtschaftskammer für die Rheinprovinz in Bonn.

MIX
Papier aus verantwortungsvollen Quellen
Paper from responsible sources
FSC® C105338

If you have any concerns about our products,
you can contact us on
ProductSafety@springernature.com

In case Publisher is established outside the EU,
the EU authorized representative is:
**Springer Nature Customer Service Center GmbH
Europaplatz 3, 69115 Heidelberg, Germany**

Printed by Libri Plureos GmbH
in Hamburg, Germany